I0715306

PODCAST

Guía práctica para crear
programas radiofónicos
y audiolibros

© 2022, Beatriz Iznaola Duque
© 2022, Redbook ediciones

Diseño de cubierta: Regina Richling
Diseño de interior: Grafime
Fotografías: Wikimedia Commons / Archivo APG

ISBN: 978-84-18703-37-9
Depósito legal: B-14.839-2022

Impreso por Ulzama, Pol. Ind. Areta, calle A-33,
31620 Huarte (Navarra)

Impreso en España - *Printed in Spain*

Todas las imágenes son © de sus respectivos propietarios y se han incluido a modo
de complemento para ilustrar el contenido del texto y/o situarlo en su contexto
histórico o artístico. Aunque se ha realizado un trabajo exhaustivo para obtener
el permiso de cada autor antes de su publicación, el editor quiere pedir disculpas
en el caso de que no se hubiera obtenido alguna fuente y se compromete a corregir
cualquier omisión en futuras ediciones.

«Cualquier forma de reproducción, distribución, comunicación pública o
transformación de esta obra solo puede ser realizada con la autorización de sus
titulares, salvo excepción prevista por la ley. Diríjase a CEDRO (Centro Español de
Derechos Reprográficos, www.cedro.org) si necesita fotocopiar o escanear algún
fragmento de esta obra.»

ÍNDICE

5. ¿Cómo planificar la producción de un podcast?

6. Elementos técnicos parte I

7. Elementos técnicos parte II

8. La audiencia de los podcast y de los audiolibros

9. La publicidad en los podcast y en los audiolibros

Bibliografía

INTRODUCCIÓN

Desde que se inventó el lenguaje, los seres humanos no han dejado de hablar y de escuchar. Normalmente, se sitúa el lenguaje entre 100.000 y 50.000 años atrás y las teorías afirman que todas las lenguas proceden de un solo protolenguaje[1] que fue disgregándose con el tiempo. Aunque las teorías no están confirmadas, lo que sí se puede confirmar es que el audio siempre ha marcado momentos históricos a lo largo de la existencia del ser humano.

La aparición de la radio revolucionó el mundo a finales del siglo XIX. Supuso un gran cambio para las comunicaciones a nivel mundial. En primer lugar, destacaron las comunicaciones militares por mar abierto y más tarde lo harían las trasmisiones deportivas y musicales. Muchos expertos apuntan a Guglielmo Marconi[2] como el inventor de la radio, aunque, según los estudios, en ese mismo momento (finales de 1890) también se estaban desarrollando sistemas parecidos en otras partes del mundo. Lo que no se puede negar es que fue Marconi quien tuvo la habilidad de integrar en un solo

1. Según Derek Bickerton: «un protolenguaje es aquella forma de comunicación basada en un sistema lingüístico que carece de las estructuras formales complejas que caracterizan a las lenguas, por ello podríamos decir que es un sistema lingüístico incompleto.» Fuente: Centro de Normalización lingüística de la lengua de signos española https://cnlse.es/es
2. Ingeniero electrónico italiano, conocido como uno de los impulsores de la radiotransmisión a larga distancia más destacados de la historia.

equipo los conocimientos descubiertos hasta la fecha relacionados con el envío y la recepción de ondas electromagnéticas.

Unos años después del aterrizaje de la radio, el sonido volvió a dar un golpe sobre la mesa para sorprender a los ciudadanos con la llegada de las radionovelas, que fueron el formato estrella en los años cincuenta, la edad de oro de las ondas. Se trataba de un género populista, gratuito, en el que gobernaba la lágrima y el drama y que enganchaban a la audiencia. *Lo que nunca muere* y *Ama Rosa* fueron dos de las radionovelas más célebres del panorama hispanohablante. España se paraba a media tarde y dueños de bares y espacios de ocio se quejaban porque sus locales quedaban completamente vacíos día tras día. Entonces, fueron muchos los que pensaron que la novela escrita vería su fin, pero se equivocaban. Desde ese momento, ocurrió algo maravilloso: la radio y la escritura empezaron a convivir nutriéndose la una de la otra.

Ya en los años treinta, el sonido volvió a hacer de las suyas y traspasó todas las fronteras hasta llegar a la gran pantalla: el cine. La primera película sonora fue *El cantor de jazz*[3] y se estrenó en 1927. Más allá de su calidad cinematográfica, se convirtió en un éxito en taquilla. Era la primera película que ponía voz a los actores y hacía sonar canciones en las salas. El cine ya causó furor entre los espectadores en su nacimiento, en 1895, cuando los Hermanos Lumière pusieron la cámara delante de una fábrica (*Salida de los obreros de la fábrica Lumière en Lyon Monplaisir*[4]). Así que no es difícil imaginar que cuando el sonido se instauró como el principal acompañante de la imagen, el furor viajó sin límites, las salas se llenaban cada día y en cada sesión.

---

3. Película estadounidense dirigida por Alan Crosland y guionizada por Alfred A. Cohn.
4. Reconocida como la primera película del cine que hoy conocemos. Tenía una duración de 46 segundos, que fueron suficientes para cambiar la historia del audiovisual https://youtu.be/xxLGDF_121U

Y, después, llegó la televisión para poder consumir contenido audiovisual en casa y en familia. Así, en cuestión de 40 años, el mundo que solo sonaba de puertas para fuera, empezó a sonar en casi todos los hogares y pantallas del mundo. Las distancias parecían más cortas, cualquier país podía hacer comunicados de cara al resto del planeta con solo darle a un botón y cualquiera podía descubrir cómo era la vida en otros países. Fue así como el mundo empezó a hacerse más pequeño para todos sus habitantes.

Durante todo el siglo xx, la radio, la prensa escrita y las novelas fueron complementándose sin ningún enfrentamiento, pero también sin ninguna sinergia, es decir, no acostumbraban a sumar sus fuerzas individuales para crear un mejor resultado conjunto. Sin embargo, el cambio de siglo trajo consigo una nueva mentalidad mucho más futurista y muchos tomaron por bandera que si habíamos podido cambiar de milenio, podíamos hacer cualquier cosa. Así, el momento clave para el audio llegó en octubre del año 2000, cuando se produjo el gran cambio tecnológico y cultural que muchos llevaban años esperando: la llegada del podcast. Sin previo aviso, dos empresarios y emprendedores estadounidenses, Dave Winer y Adam Curry, se atrevieron a dar el pistoletazo de salida a lo que hoy se denomina podcasting y lo hicieron sin ser prácticamente conscientes de ello. Trataremos todos los detalles de este magnífico acontecimiento más adelante.

Así como el audio ha ido marcando hitos revolucionarios a lo largo de toda nuestra historia, da la sensación de que la lectura se mantiene intacta desde que los primeros jeroglíficos fueron diseñados hace ya 5000 años, pero nada más lejos de la realidad. A pesar de que la escritura siempre ha estado ahí, de una manera o de otra, sobre un bloque de arcilla o sobre un pergamino, la verdadera forma de transmitir las historias que descansaban sobre el papel era la palabra oral. Por eso, aunque parezca que los audiolibros son un invento moderno, que nos ha traído consigo la inmediatez y el poco tiempo que tenemos para todo, no es cierto.

Los audiolibros se remontan hasta la antigüedad, cuando la única manera de poder transmitir el conocimiento de las historias era mediante la palabra hablada. Hasta bien entrado el siglo xx, una gran parte de la población española era analfabeta, es decir, no sabía ni leer, ni escribir, por lo que la transmisión a través de la lectura o de la escritura no era del todo eficaz. Así, no sorprende reconocer que el concepto de audiolibro haya existido desde que la primera persona decidió contar una historia a sus amigos o familiares. Sin embargo, no se le dio nombre hasta mediados del siglo xx. En sus comienzos, se conocieron como libros parlantes y estaban únicamente pensados para personas con problemas visuales. Pocos años después, con la aparición de las cintas, los audiolibros ya empezaron a ser almacenados y distribuidos al mundo entero. Fue entonces cuando la concepción de audiolibro se hizo real y reconocido a nivel global.

Tanto los podcast como los audiolibros tienen varias características en común, aunque, principalmente, dos de ellas son las que marcan la diferencia respecto al resto de formas de entretenimiento:

- La intimidad del oyente con el narrador. Hoy en día el concepto de intimidad es fundamental para entender a la sociedad occidental. Muchas personas acostumbradas a este tipo de entretenimiento afirman que el momento del día en el que escuchan un podcast o un audiolibro es la única oportunidad que tienen de estar a solas con ellos mismos y de poder sentirse en paz. Aunque llevar auriculares puede aislar a las personas de su entorno, con ellos puestos es posible viajar a lugares que jamás nadie habría imaginado.
- La elección del oyente por todo lo que escucha. Escuches lo que escuches, puedes seleccionarlo según tus gustos o tus necesidades. Actualmente, hay miles de podcast y de audiolibros disponibles, solo tienes que elegir qué quieres escuchar y darle al play. ¿Te animas?

Si la respuesta es sí este libro te va a interesar prácticamente de principio a fin. Vas a poder descubrir desde cómo ponerle un nombre a un podcast hasta cómo ganar dinero en el universo del podcasting o escribiendo o narrando audiolibros. Si estás preparado, ¡allá vamos!

1

INTRODUCCIÓN A LOS PODCAST Y A LOS AUDIOLIBROS

El podcast y su éxito

A pesar de que, en octubre del año 2000, Dave Winer y Adam Curry dan por primera vez forma al concepto de podcasting, no es hasta el 2004 cuando se establece el verdadero origen del podcast. Durante esos cuatro años, los dos empresarios estadounidenses, junto a un gran equipo, trabajaron en la idea que había surgido del encuentro que tuvieron en octubre del año 2000. Desde el inicio, Adam Curry apostaba por crear un *software*[5] que permitiera la distribución automática de medios. Así, durante los años posteriores trabajaron en la idea de llevar al mundo la distribución del contenido que se veía diariamente en internet. Al principio dedicaron mucho esfuerzo y trabajo a un concepto que no estaba aterrizado del todo. Pero esto les dio la oportunidad de sumar experiencia para todo lo que vendría después.

Ya en 2004, con las ideas más claras, lanzaron al mercado lo que sería una innovación tecnológica para facilitar a las emisoras de radio la difusión de sus programas en diferido. La idea original era

5. El *software* es el sistema no físico de un sistema informático, que engloba el conjunto de los elementos precisos para la realización de tareas específicas.

que las estaciones de radio publicaran sus programas en internet para que los oyentes los pudieran descargar y escuchar cuando quisieran. El podcast estaba intentando nacer.

Las emisoras tomaron esta nueva tecnología como el gran aliado del siglo XXI para remontar ante el auge de la televisión, las plataformas y las cadenas privadas. Durante todo el proceso de desarrollo, la técnica no había recibido un nombre y tampoco lo hacían los programas grabados y colgados en la nube. Simplemente, eran «programas en diferido». Así, no fue hasta el 12 de febrero de 2004 cuando el periodista británico, Ben Hammersley[6], le puso nombre casi de casualidad. Todo se originó tras un artículo en *The Guardian*[7] que él mismo tituló «La revolución del audible». En el artículo abordaba el auge del podcasting que había tenido lugar, según él, porque todos los ingredientes estaban sobre la mesa esperando a que alguien les otorgara un resultado final. Así, se preguntaba cómo llamar a esa nueva forma de radio amateur. Propuso nombres como *audioblogging* o *guerrillamedia*. Por suerte, otro de los que propuso fue podcasting, que fue el que mejor acogida tuvo entre todos sus lectores. Sin ninguna intención más que resolver sus propias dudas ante un nuevo modelo radiofónico que estaba haciendo mucho ruido en el mundo audiovisual, Ben Hammersley inventó el concepto de podcast, derivado de dos palabras: «pod» procedente de iPod, el mp3 lanzado por **Apple** culpable de que la música se introdujera de forma diaria y accesible en nuestras vidas, y de la palabra «cast», que significa emitir en inglés.

6. Periodista de origen británico pionero en tecnologías de internet. Se especializó en la era posdigital tras el nacimiento de internet https://twitter.com/benhammersley?ref_src=twsrc%5Egoogle%7Ctwcamp%5Eserp%7Ctwgr%5Eauthor

7. Diario británico nacido en 1821 https://www.theguardian.com/international

El empoderamiento del podcast

A lo largo de la primera década de los 2000, el podcast, tal y como hoy lo conocemos, fue cogiendo fuerza y era evidente que cada vez estaba más presente en la cotidianidad de los oyentes. Tras años de investigación y documentación sobre este nuevo fenómeno, el 18 de octubre de 2004 se lanza el primer podcast en español. El pionero fue el periodista José Antonio Gelado, que emitió *Comunicando*.

Portada del podcast *Comunicando* de José Antonio Gelado
en la plataforma iVoox https://www.ivoox.com/podcast-comunicando-
podcast_sq_f1146_1.html

El despegue no fue sencillo, ya que había que tener muchos conocimientos digitales para poder desarrollar el proceso de creación. Los primeros podcasters, tanto en España como en cualquier otra parte del mundo, tenían un perfil relacionado con el mundo digital y la Web 2.0. Es decir, a pesar de que fuera un medio amateur y, aparentemente, casero, este nuevo canal no estaba al alcance de cualquier ciudadano, sino que el creador debía contar con competencias informáticas avanzadas. ¿Cómo creció entonces tan rápido el podcast español teniendo en cuenta las habilidades exigidas? Desde el comienzo, se construyó una comunidad de creadores independientes y no profesionales que se iban ayudando entre sí en la creación de herramientas y plataformas. Estas acciones fueron las que dieron luz verde a la creación de una organización de un movimiento entorno al nuevo medio.

A través de estas redes, los creadores de podcast con cierta experiencia y futuros creadores se ponían en contacto para intercambiar conocimientos y juntos descubrían todos los tipos de programas que se estaban empezando a hacer en el territorio nacional. Además, juntos aprendían qué se podía hacer y qué no y, sobre todo, cómo poder hacerlo. Al principio el podcasting era todo un paradigma americano, que sonaba lejano y bastante complejo.

Una de las primeras herramientas que tuvo esta gran comunidad a su alcance fue podcast-es.org. Era una página que ofrecía todas las explicaciones necesarias para aprender a crear un podcast. Además, también hacía la función de directorio donde se incluían muchos programas disponibles en internet. A lo largo del tiempo, la mayor aportación de este proyecto fue servir como punto neurálgico de todo el conocimiento sobre el podcasting que la comunidad iba construyendo gracias a las preguntas y respuestas que creadores, oyentes y futuros aficionados iban lanzando en la red.

De este modo, se podría decir que hasta el año 2010 el podcasting se situaba en un campo amateur y de aficionados, más que en un área de negocio y de grandes marcas o empresas. Hasta que, en ese mismo año, algunos de los grandes medios de comunicación de Estados Unidos comenzaron a interesarse por este tipo de difusión. De pronto, pasó de ser un medio para unos pocos a convertirse en un medio comercial de masas, que repetiría el mismo patrón que tomó la radio décadas antes cuando fue tomada por grandes corporaciones americanas.

Del 2010 al 2012, suceden varios acontecimientos que favorecen el crecimiento del podcasting. El conjunto de todos ellos fue lo que hizo posible el despegue del podcasting a nivel mundial:

- El primero de ellos fue el ya comentado interés de los grandes medios de comunicación por el formato. Con la radio y la prensa en decadencia, el podcasting fue un soplo de aire fresco para los medios.
- El siguiente fue el lanzamiento de diferentes podcast independientes por figuras conocidas de la radio. Muchos periodistas radiofónicos, que sabían cómo funcionaba técnicamente esta forma de comunicar aprovecharon para lanzarse a la aventura.
- Y, por último, pero no menos importante, fue la apuesta millonaria de **Apple** por este nuevo medio. En el 2012 la gran empresa tecnológica dio el primer paso como empresa con renombre dentro del sector audiovisual y tecnológico. Así, incorporaron a su dispositivo móvil, una aplicación de podcast originales de la propia marca y la bautizaron como *Podcast*, sin mayor complicación. Desde entonces, la aplicación solo ha estado disponible para iOS. Como ha ocurrido con muchos otros hitos tecnológicos de los últimos años, tras **Apple** llegaron todos los demás.

El boom del podcasting

El podcasting siguió aumentado su popularidad exponencialmente, hasta que en 2015 ocurre algo clave: el nacimiento de *Serial*[8], el podcast más exitoso de la historia en cuanto a número de descargas. Este programa fue llevado a cabo por un equipo independiente de Estados Unidos que promovía el periodismo de investigación. En aquel momento, no había nada parecido, pues ofrecía a los oyentes el relato de la investigación de un asesinato. Específicamente,

---

8. Programa de radio estadounidense https://serialpodcast.org/

se estrenaron con el crimen de Hae Min Lee, una estudiante de secundaria que desapareció en 1999 en Baltimore. La policía detuvo al exnovio, Adnan Syed, quien siempre defendió su inocencia. A lo largo de 12 episodios, la periodista neoyorkina Sarah Koenig –que también era la creadora del podcast– y su equipo, desgranaron el crimen y toda la investigación policial. La creadora, tras mantener varias conversaciones telefónicas con el acusado, Adnan Syed, expuso públicamente sus dudas acerca de la culpabilidad del chico. De esta manera, con su relato hacía partícipe al oyente de manera directa. Este formato fue rompedor en la radio y Sarah Koenig aprovechó todo su potencial. Solo en el primer mes, el podcast obtuvo un total de cinco millones de descargas, que no dejaron de aumentar semanalmente. Tras este podcast, llegaron otros del mismo estilo, pero ninguno alcanzó el nivel de popularidad que obtuvo *Serial*. Algunos de estos podcast que nacieron después sobre investigaciones criminales fueron *In the dark*[9] y *S-Town*[10].

El éxito mundial de *Serial* traspasó todas las fronteras y en España provocó otro hito histórico para el podcasting: el nacimiento de la primera red de pocdcasts adscrita a un grupo mediático. El pionero fue el Grupo Prisa[11], el conglomerado español con mayor representación en cuanto a contenidos multimedia, informativos, educativos y culturales del país. Cuenta con prensa escrita, radio, televisión y editoriales. El nacimiento tuvo lugar el 8 de junio de 2016 y lo llamaron **Podium Podcast**[12]. Muchos usuarios y lectores se habían convertido también en oyentes y ante el declive de la prensa escrita, todo lo nuevo era bienvenido. Así, el

9. Podcast sobre investigaciones criminales https://features.apmreports.org/in-the-dark/season-two/
10. Podcast sobre investigaciones criminales https://stownpodcast.org/
11. Grupo multimedia de comunicación español https://www.prisa.com/es
12. Plataforma española de alojamiento de podcast https://www.podiumpodcast.com/

podcast obtuvo una gran inversión por parte del grupo, porque en esta red veían una nueva forma de negocio que podría compensar el número de lectores de papel que iban perdiendo a pasos agigantados, ya que la prensa online le estaba ganando el terreno a la prensa escrita. Así, de la noche a la mañana, medios como eldiario.es[13] sumaban lectores de forma exponencial, mientras que la prensa escrita que había sido tan popular hasta el momento iba perdiéndolos diariamente. En aquel momento de incertidumbre todo sumaba y Prisa tomó el liderazgo. Hoy, **Podium Podcast** es una de las plataformas con más éxito en el entorno hispanohablante, en ella se alojan varios de los podcast más famosos del momento, como *Estirando el chicle* o *La escóbula de la brújula*.

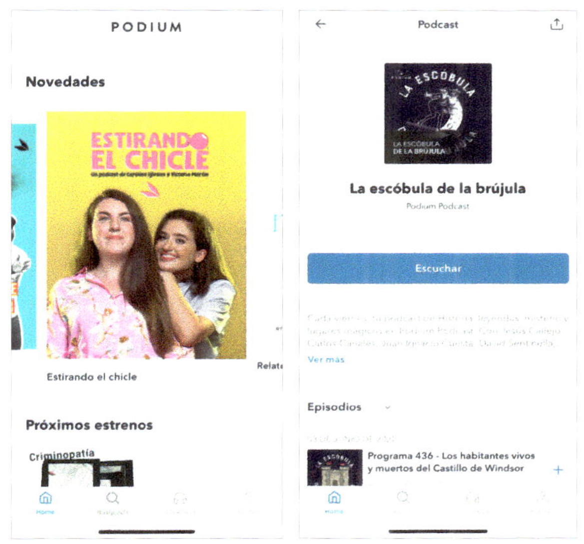

Podcast de comedia
https://www.podiumpodcast.com/estirando-el-chicle/.
Podcast sobre historia, leyendas y tradiciones
https://www.podiumpodcast.com/
la-escobula-de-la-brujula/

13. Diario online https://www.eldiario.es/

Podcast y **Podium Podcast** fueron dos de las primeras redes que se afianzaron en el mercado, pero no fueron las únicas. Gracias al avance tecnológico, el podcasting pudo alcanzar pronto una mayor difusión a nivel global. Algunas de las técnicas que jugaron y siguen jugando un papel fundamental en el proceso de crecimiento fueron las siguientes:

- **Apple** incluyó una categoría dentro de su servicio de **iTunes** donde era posible insertar podcast que ya estuvieran disponibles en su aplicación *Podcast*. De esta forma, los usuarios podían escuchar en streaming[14] o descargar los podcast cuando quisieran y los creadores podían alojar todo su contenido en una sola plataforma y, además, hacerlo de forma organizada. Inicialmente, **iTunes** solo lo utilizaban los creadores amateurs e independientes, pero con el tiempo su uso se extendió hasta las emisoras de radio, que pronto empezaron a subir su contenido a esta plataforma.
- Años antes de la creación de **Podium Podcast** y en paralelo a las acciones de **Apple**, apareció **iVoox**[15] con el lema «Listen. Whatever. Wherever» («Escucha. Lo que quieras. Donde quieras»). Funcionaba igual que **Podcast** de **Apple**, con la diferencia de que podía ser utilizado tanto en iOS como en Android, lo que hizo que los usuarios no familiarizados con la marca de Steve Jobs también pudieran acercarse al mundo del podcasting. Esta iniciativa abrió mucho las posibilidades del podcasting.
- El nacimiento de Twitter, en marzo de 2006, también marcó una revolución digital y audiovisual. Desde su lanzamiento, esta red social se utilizó como un lugar en el que podcasters y oyentes podían interactuar sin límite. Así, se configuró como un medio de difusión de URLs de podcast. Es decir, se convirtió en el es-

---

14. Es la tecnología que permite ver y oír contenidos de internet sin tener que descargar previamente los datos al dispositivo que se está utilizando.
15. Plataforma de alojamiento de podcast https://www.ivoox.com/

pacio preferido de podcasters y oyentes para ser descubiertos y, al mismo tiempo, descubrir contenido.

- En el comienzo del podcasting, en 2004, los usuarios españoles no conocían este nuevo concepto porque prácticamente no tenían acceso a él. Los teléfonos inteligentes, los Smartphone, no formaban parte del mercado español. No fue hasta 2007 cuando los españoles comenzaron a comprar dispositivos Smartphone, con los que, por fin, tenían la posibilidad de conectarse a internet. Así, en España el crecimiento de la escucha de podcast estuvo directamente vinculado con la llegada de los teléfonos inteligentes.

Más allá de todos los avances tecnológicos que se fueron produciendo en la primera década de los 2000, hay un factor clave en el panorama español: la creación de la Asociación Nacional de podcasting. Desde 2010, esta organización, que recibe el nombre de *Asociación Podcast*[16], promociona y difunde todas las acciones relacionadas con el podcasting español. En el mismo año de su aparición, publicaron un libro online y gratuito, *Podcasting, tú tienes la palabra*[17], con el objetivo de facilitar al usuario común y al podcaster amateur todo el conocimiento que se tenía hasta el momento sobre este nuevo medio «radiofónico». La *Asociación Podcast* no se limitaba a la divulgación de conocimiento, sino que también tenía, y sigue teniendo, una labor de soporte legal y organizativo para la creación de lo que hoy se conoce como *Jornadas Nacionales de Podcasting*[18] (JPod). Estas jornadas son un tipo de congreso a nivel nacional que reúne en un mismo espacio a podcasters y oyentes durante unos días. En las JPod se realizan debates y talleres formativos, entre otros, que fo-

16. Asociación de podcast en España https://asociacionpodcast.es/
17. Libro completo online y en PDF https://libros.metabiblioteca.org/bitstream/001/556/1/Podcasting-tu-tienes-la-palabra.pdf
18. Jornadas Nacionales de Podcasting en España para todo el entorno hispanohablante https://jpod.es/

mentan el mantenimiento y el intercambio en esta comunidad cada vez más extensa.

Las *Jornadas Nacionales de Podcasting* han jugado un papel decisivo en el arranque y, sobre todo, en el despegue del podcasting en España y en el resto de los países hispanohablantes. Hoy ya están afianzadas y son uno de los mayores eventos de podcasting a nivel mundial. ¿Qué puedes encontrar si acudes a las JPod? Talleres formativos sobre todo aquello que tiene que ver con la creación de un podcast como la locución, la edición o la selección de equipos; coloquios sobre temas concretos que atañen al podcasting; debates sobre las últimas noticias, etc. Teniendo todas estas actividades como pilares de la organización, el principal objetivo del evento es poder ser reconocido como un lugar de encuentro de presentación ante otros podcasters y ante oyentes amantes de los podcast. Más allá de las fronteras españolas y de las JPod, hay numerosos eventos relacionados con el podcasting. En Estados Unidos es donde mayor cabida tienen, por ser la cumbre originaria del podcast, entre estos eventos destacan el *Podfest*[19] y el *Podcast Movement*[20], ambos eventos multitudinarios que reúnen a miles de personas cada año. En Europa, a parte de las JPod, existen otros eventos de alta calidad como el *Radiodays Europe*[21], que cada año tiene sede en un país de Europa distinto.

Con todos estos avances, tanto tecnológicos, como del propio entorno sociocultural del podcasting, este nuevo medio ha experimentado un recorrido más que satisfactorio. Desde eventos únicos de podcasting, como hemos visto, hasta premios muy reconocidos, como es el caso de los *Premios Ondas*[22], que en febrero de 2022 ce-

---

19. Evento de podcasting celebrado en Estados Unidos https://podfestexpo.com/
20. Evento de podcasting celebrado en Estados Unidos https://podcastmovement.com/
21. Eventos de podcasting celebrado en Europa https://www.radiodayseurope.com/
22. Galardones entregados a los profesionales de radio, televisión, publicidad en radio y música https://www.premiosondas.com/

lebró la *I Edición de los Premios Ondas Globales del Podcast*[23] y que ha marcado un hecho sin precedentes dentro del panorama hispanohablante. Esta primera edición de los *Ondas Globales del Podcast* solo será el pistoletazo de salida para el reconocimiento de los profesionales del podcasting de habla hispana.

Teniendo todo esto sobre la mesa, se podría decir que el universo del podcasting está compuesto, principalmente, por dos tipos de podcasters:

- Grandes profesionales de la radio, que cuentan con una amplia comunidad de oyentes y con un perfil muy alejado de los podcasters amateurs. Un ejemplo de ello sería el programa *Carne Cruda*[24], que lleva años siendo el lugar de encuentro para el debate sobre política, humor y agitación social.
- Usuarios amateurs que sacan adelante un programa ellos solos o con algún ayudante y/o colaborador. En este caso, este tipo de creadores, no son únicamente creadores, sino que también son productores, guionistas, editores, etc.

En comparación con otros medios de comunicación, los podcast no han tenido todavía demasiado tiempo para desarrollarse y crecer como sí lo han tenido la radio o la televisión. Teniendo en cuenta su corta vida, el podcasting se ha hecho un hueco muy interesante en la sociedad mediática y cultural del mundo entero. Tanto es así que hasta **Disney+**[25] ha hecho una serie de comedia y misterio aprovechándose del boom de los podcast y del juego que dan, sobre todo,

23. Lista de ganadores de la I Edición de los Premios Ondas Globales del Podcast https://www.premiosondas.com/premiados_ondas_podcast_2022.php
24. Podcast español perteneciente a eldiario.es http://www.carnecruda.es/tag/podcast/
25. Plataforma de streaming del gran conglomerado de medios de comunicación *The Walt Disney Company* https://www.disneyplus.com/es-es/home

los referentes a investigaciones criminales. La serie se estrenó en el año 2021 y se llama *Solo asesinatos en el edificio*[26]. Esta reúne a 3 vecinos (Steve Martin, Martin Short y Selena Gomez), testigos de un asesinato y apasionados de los podcast sobre crímenes. Juntos empiezan a investigar qué ha podido pasar y producen su propio podcast. Si este fenómeno ha llegado hasta los Estudios de *Walt Disney* es que algo se está haciendo muy bien.

El audiolibro y su éxito

La escritura, y por ende la lectura, se remontan hacia el año 3200 a.C. con el nacimiento de los primeros jeroglíficos. Sin embargo, no fue hasta el año 1700 a.C. aproximadamente cuando surgió el primer alfabeto. Desde la época de los egipcios y los mesopotámicos, la escritura ha avanzado a pasos agigantados, aunque no tengamos consciencia de ello. Actualmente, hay varios alfabetos y más de 7.000 idiomas distintos en todo el mundo. Al igual que la lengua ha evolucionado, también lo han hecho la escritura y, sobre todo, la lectura.

Generalmente, se cree que los libros digitales tuvieron sus primeras andanzas en el mercado en 1971, sin embargo, los expertos aseguran que se remonta a cien años antes, cuando Thomas Edison inventó el fonógrafo, un dispositivo que servía para grabar y reproducir sonido, lo que hoy conocemos como grabadora. Así, en 1877 Thomas Edison, gracias a su artefacto, realizó la primera grabación de sonido de la que se tiene constancia. El inventor, que parecía estar varias décadas adelantado a su época, propuso grabar la novela *Nicholas Nickleby* de Charles Dickens para dejarla almacenada y poder reproducirla varias veces. A pesar de que la tecnología que había inventado era muy avanzada, no lo era tanto como para registrar más de unos pocos minutos de audio. De este modo, grabar

---

26. Serie creada por Steve Martin y John Hoffman https://www.disneyplus.com/es-es/series/solo-asesinatos-en-el-edificio/2EfP45PYWY5s

una novela completa resultaba imposible. Si no hubiera sido por el impedimento técnico, Thomas Edison se habría proclamado como el creador del audiolibro en el siglo XIX.

El despegue de los audiolibros

A pesar de que Edison ya había lanzado la piedra, no fue hasta la década de 1920 cuando en Reino Unido volvió a relucir la idea de crear libros audibles. El *Real Instituto Nacional para Ciegos británico*[27] fue el primero en estudiar el uso de discos de larga duración para poder grabar contenido más extenso. Aunque los intentos del *Instituto Nacional de Reino Unido* iban por el buen camino, los estadounidenses se adelantaron y el proyecto *Books for the Adult Blind*[28] puso antes al alcance de todos sus ciudadanos libros en formato de audio. Las primeras grabaciones tenían una duración de 15 minutos e incluyeron lecturas de Shakespeare, de Edgar Allen Poe y de *La Biblia*. En paralelo, Reino Unido seguía con su investigación y desarrollo y ya en 1935 el *Real Instituto Nacional para Ciegos* puso a disposición de personas ciegas y con discapacidades visuales los primeros libros parlantes. Pronto se dieron cuenta de que estos libros parlantes podían tener interés también para personas que no tuvieran ninguna discapacidad visual. Así, a partir de la década de los años cincuenta, la tecnología que envolvía al universo de los audiolibros tuvo su gran despegue.

En los sesenta nacieron las cintas, las grandes aliadas de los libros parlantes, pues facilitaron en gran medida la grabación y la reproducción de los mismos. A lo largo de los setenta nacieron empresas que promovían el audiolibro como nuevo formato de lectura. Un ejemplo de ello fue *Books on Tape Inc*[29], una empresa de almace-

---

27. Royal National College for the Blind https://www.rnc.ac.uk/#
28. Biblioteca nacional de servicios para personas ciegas y con discapacidades visuales https://www.loc.gov/nls/
29. Empresa de almacenaje de audiolibros fundada por Duval Hecht https://www.booksontape.com/

naje de audiolibros fundada en New York por Duvall Hecht. Aunque el verdadero momento clave para el éxito de los audiolibros tuvo lugar ya en los años ochenta con la llegada del Walkman[30]. Gracias a Sony, empresa creadora del Walkman, se confeccionó un formato de grabación mucho más rápido y accesible para toda la industria. De esta manera, a mediados de los años ochenta ya había más de 20 editoriales dedicadas a la grabación y reproducción de audiolibros.

El *boom* de los audios parlantes, por fin, era real y en cuestión de 10 años aumentó su valor en más del doble. Como ocurrió con los podcast, los 2000 y la llegada de internet fueron decisivos para la popularidad de ambos formatos. **Audible**[31] se consolidó como el primero en lanzar al mercado un reproductor digital con el llamado *audible player.* Unos años más tarde, se creó *LibriVox*[32] el primer sitio web gratuito donde alojar audiolibros para la libre descarga por parte de todos los usuarios de la red. Después, llegaron muchas más plataformas como **Storytel**[33], **Nextory**[34] o **Podimo**[35], que a día de hoy suman millones de descargas. Poder descargar un audiolibro ya no era cosa únicamente de personas con discapacidades visuales, ya era una acción que realizaban cada vez más personas de forma diaria. Tal y como ocurre con los podcast, los avances técnicos y tecnológicos sumados a una mayor adquisición de teléfonos móviles con internet ilimitado fueron la clave para el éxito de los audioli-

---

30. Dispositivo portátil que funcionaba como reproductor de audio. Este permitía escuchar música a través de auriculares mientras se realizaba otra actividad.
31. Plataforma filial de Amazon https://www.audible.es/
32. Plataforma gratuita para la lectura y descarga de audiolibros https://librivox.org/
33. Plataforma de suscripción para escuchar audiolibros y podcast https://www.storytel.com/es/es/
34. Plataforma de suscripción para escuchar audiolibros y revistas https://www.nextory.es/
35. Plataforma para escuchar audiolibros y podcast https://podimo.com/es

bros. Actualmente, es posible escuchar cualquier libro desde cualquier parte del mundo, solo es necesario tener un dispositivo y elegir qué es lo que se quiere audioleer. Así de sencillo.

Aunque **Audible** llevaba años operando en Estados Unidos, en España no llegó hasta el año 2020, pero lo hizo con mucha fuerza. En sus primeros meses de vida en España contaban con menos de 7.000 audiolibros en español, mientras que terminaron el año 2021 contando con 10.000 en su catálogo. El éxito de esta nueva forma de lectura, ha tenido muchos factores a su favor, además de los ya mencionados, entre ellos destacan las plataformas de música en streaming, como **Spotify**, y, por supuesto, el auge del podcast. Pero para los expertos en esta área hay un motivo que supera a todos los demás: la apuesta de las plataformas de suscripción y de las editoriales por fomentar el audiolibro dentro de sus catálogos. La primera plataforma por suscripción que se instaló en España fue la sueca **Storytel** en 2017, aunque su origen data en el año 2005.

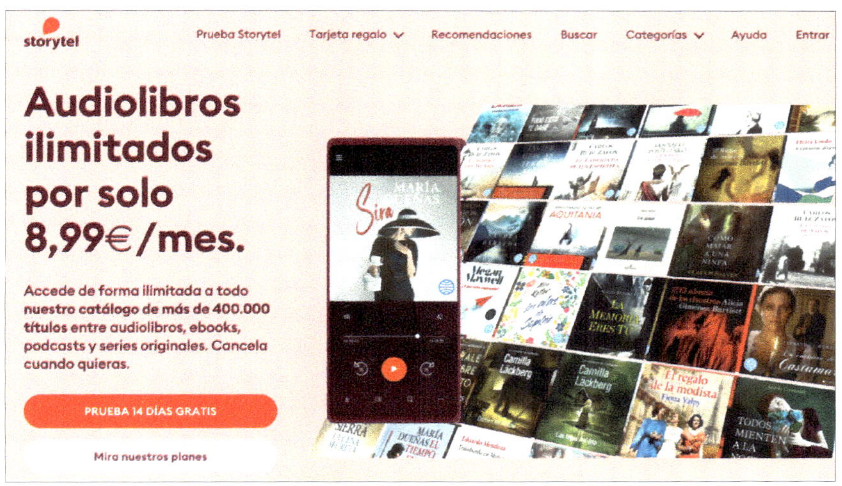

Portada plataforma Storytel https://www.storytel.com/es/es/?gclid=Cj0K CQjwhqaVBhCxARIsAHK1tiN0-vxrl9zB_jj6cp7FS5JYMmqflFrp-gAuwUzOCKK_ YUNU32KKQpYaAmFNEALw_wcB&gclsrc=aw.ds

Según afirman sus dirigentes, cuando se instalaron en el mercado español este era casi inexistente, pero tuvieron una gran acogida, tanto fue así que el Grupo Planeta[36] a partir de ese momento empezó a aumentar su producción de audiolibros, posicionándose en la actualidad como una de las editoriales con mayor número de ejemplares en su catálogo.

Los expertos también atribuyen a este éxito otras variables como el dinero que se invierte para mejorar diariamente la calidad del producto y la gran cantidad de recursos humanos que se utilizan. En esto último entra la ventaja de poder escuchar en los audiolibros a narradores expertos y a caras/voces conocidas de la gran pantalla. La mayoría de los narradores son actores de voz o dobladores, aunque también es común escuchar a actores famosos. Normalmente, esta elección es una decisión del departamento de marketing y publicidad, ya que este tipo de profesionales suelen atraer más la atención del público general. Por ejemplo, esta estrategia la ha llevado a cabo **Audible**, de **Amazon**, para potenciar su popularidad entre los usuarios que todavía no están convencidos de ampliar su lectura a través de los audiolibros. Así, la actriz Leonor Watling, conocida por la serie *Nasdrovia*[37] o la película *Hable con ella*[38], entre otros, ha narrado la saga completa de *Harry Potter*. Asimismo, el actor José Coronado, conocido por numerosos papeles como *Vivir sin permiso*[39], le ha dado voz a *Drácula* y al gran detective inglés *Sherlock Holmes* de Arthur Conan Doyle. También en esta línea, hay autores que deciden narrar sus propios libros, como hizo Rosa Montero con *La ridícula idea de no volver a verte*, una novela sobre el duelo que escribió en 2013. Sin embargo, los editores prefieren que a los libros de ficción les dé voz un actor o doblador profesional, ya que conside-

36. Grupo multimedia español https://www.planeta.es/es
37. Serie española creada y producida por Movistar+
38. Película española de Pedro Almodóvar
39. Serie española producida por Mediaset España

ran que es preciso crear una dramatización, por leve que sea, y dar vida a todos los personajes. Por ello, las editoriales tienen mucho cuidado a la hora de elegir a sus narradores, sobre todo en lo que a bagaje cultural se refiere. Afirman que, si, por ejemplo, la historia se ubica en Galicia, recurren primero a actores gallegos. Lo mismo ocurre con ficciones que tratan sobre minorías o sobre historias que se centran en un tema concreto que se aleja, en cierto modo, de las historias «tradicionales».

2

CÓMO CREAR UNA HISTORIA ÚNICA Y PERSONAL

¿Qué contar? Elegir el tema

Contar una historia no siempre es sencillo. A nuestro alrededor, podemos reconocer a personas que cuentan muy bien acontecimientos que les suceden y personas que parece que nunca van a terminar de contar lo que ha pasado. Por otro lado, hay gente que tiene mucha gracia para contar relatos y otros que saben contarlos con cierto suspense. Es así cómo se puede reconocer a los buenos contadores de historias. Claro que no es lo mismo relatarle un hecho a amigos y familiares que elegir un tema interesante y ponerte delante de un micrófono a hablar a decenas, cientos, miles o millones de personas.

Si alguien ha tomado la decisión de ponerse delante de un micrófono para compartir experiencias, pensamientos u opiniones sobre algún tema, es porque tiene claro que quiere hacerlo. Pero no siempre resulta tan sencillo como darle al botón de grabar y hablar. Cuando alguien se enfrenta a la idea de ponerse delante de un micrófono suelen darse dos casos:

- La persona tiene muy claro que quiere hablar sobre un tema, pero no sabe cómo hacerlo o cómo abordarlo.
- La persona tiene claro que quiere ponerse a hablar delante del micro, pero no sabe sobre qué hablar.

Ambas opciones son comunes y muy lógicas. Sin embargo, antes de crear un podcast hay que saber sobre qué es de lo que se quiere hablar. Y la mejor forma de descubrirlo es haciéndose algunas preguntas como: ¿Qué te apasiona? ¿Qué se te da bien? ¿Cuál es el tema que siempre sacas en las cenas con tus amigos? Si puedes responder a alguna de esas cuestiones seguro que encuentras algunos temas sobre los que sabes o quieres charlar.

Más allá de que te guste el tema sobre el que vas a hablar, es importante que tengas conocimientos sobre él. Esto hará que sea mucho más interesante tanto para ti, como para los oyentes. Piensa que vas a necesitar bastante tiempo para emprender en tu nuevo proyecto, tendrás que dedicarle horas y horas para buscar diferentes ángulos y enfoques y hacerlo atrayente para la audiencia. Y, por supuesto, hay una condición única que siempre se ha de cumplir antes de empezar la realización de un podcast: que te apetezca sumergirte en el universo del podcasting. Es una labor que precisa de dedicación, de prueba y error, y de mucho esfuerzo, por lo que es primordial que sea un viaje que se tenga ganas de hacer.

Hay una ley no escrita sobre el mundo del podcast y es que los podcasters son frikis de su propio podcast. Es decir, un podcaster es un apasionado de algo y de ese algo es de lo que acaba haciendo un podcast. Puede invitar a gente a charlar con él o embarcarse solo en la aventura. Por ejemplo, fue así como nació *Todopoderosos* (https://www.ivoox.com/podcast-todopoderosos_sq_f1147805_1.html), uno de los podcast más conocidos de España. Sus cuatro integrantes iniciales Arturo González-Campos[40], Juan Gómez Jurado[41],

40. Es guionista, locutor y humorista español https://twitter.com/ArturoGCampos?ref_src=twsrc%5Egoogle%7Ctwcamp%5Eserp%7Ctwgr%5Eauthor
41. Es un escritor español muy reconocido por novelas como *Reina Roja* o *Loba negra* https://juangomezjurado.com/

Rodrigo Cortés[42] y Sergio Fernández[43], el *Monaguillo*, quedaban habitualmente para charlar sobre los temas que más les interesaban: cine, literatura, cómics... cultura en general. Y un día decidieron grabar las conversaciones que mantenían. Lo hicieron desde la cocina de uno de los integrantes y, casi sin darse cuenta, dieron el salto a los estudios *Goodit*[44] de Madrid para grabar sus charlas en un formato más profesional y a hacer programas en directo con público en el *Espacio Fundación Telefónica*[45]. Esto no es lo habitual, pero puede pasar y sucedió porque los cuatro hablaban sobre algo que les interesaba de verdad y lo hacían con cierta gracia. Ellos eran y siguen siendo verdaderos contadores de historias.

De este modo, hay varios factores a tener en cuenta cuando se decide el tema del que se quiere hablar:

- Que te guste y sepas sobre ello. No es necesario ser friki o experto de un tema para poder hablar de él, pero sí que tiene que apasionarte y tienes que querer dedicarle el tiempo necesario para obtener un contenido de calidad.
- Pensar en que al otro lado hay personas que te están escuchando porque quieren hacerlo. A diferencia de la radio, no tienes que «gritar» para llamar la atención de los oyentes, pero sí has de ser consciente de que al otro lado hay personas escuchando y que esas personas buscan algo en ti, no dudes en dárselo.
- Así, paradójicamente, es imprescindible que tú también escuches a tus oyentes y que sepas qué les gusta y qué no les convence de tu podcast. Esta es la mejor forma de modelar tu contenido

---

42. Es un producto, guionista y director español conocido por películas como *Luces Rojas* https://twitter.com/rodrigocortes?ref_src=twsrc%5Egoogle%7Ctwcamp%5Eserp%7Ctwgr%5Eauthor
43. Humorista y actor español conocido por programas como *El Hormiguero*
44. Estudio de radio digital https://www.goodit.es/
45. Espacio para exposiciones, auditorio, salas para talleres y eventos https://espacio.fundaciontelefonica.com/

para llevarlo al éxito. Busca siempre un *feedback*, ya sea en redes sociales o entre tus conocidos.

- Y, por supuesto, que tengas claro que quieres contar historias y que quieres hacerlo a través de un micrófono.

De esta manera, sabiendo de qué se te da bien hablar u opinar, ponte a ello. Coge ese tema del que te gusta tanto hablar y desgránalo en muchas partes. Puede que te guste el fútbol en general, pero ¿por qué no acotarlo un poco más? Competir contra los grandes podcast de fútbol es muy complicado, pero centrando el tema puedes llegar a competir por buenos puestos en los rankings, hablaremos de ello más adelante.

Encontrar a tu audiencia

Antes de lanzarte en la aventura del podcasting es esencial saber quiénes van a estar al otro lado escuchándote y, sobre todo, quiénes quieres que estén escuchándote. Es decir, antes de pararte a pensar una estrategia para que la gente escuche tu programa, has de pensar quiénes serán los que te van a escuchar. Ya que del tipo de audiencia va a depender todo lo demás: el lenguaje que utilices, la difusión del podcast, su promoción, etc. No es lo mismo dirigirse a adolescentes, que a personas jubiladas. Los temas y, sobre todo, la atención y el tiempo que dedican a escuchar a otra persona a través de un dispositivo es muy diferente. Sin embargo, las personas jubiladas o los adolescentes en general son grupos demasiado amplios como para tratarlos como la audiencia de un podcast. Es decir, en vez de dirigirte a un grupo tan extenso tienes que intentar categorizar o filtrar dentro de esos grupos. De esta forma, encontrarás un nicho y te será mucho más sencillo poder trabajar por y para ello.

Por ejemplo, piensa que quieres hablar sobre deporte porque es lo que te apasiona y sobre lo que sabes mucho. Pero, aunque tú controles sobre todos los deportes y te gusten todos por igual, dirigirte a una audiencia demasiado grande como «personas que les interesa el deporte» distorsionaría tu objetivo y el interés, ya que es muy complicado que a las personas que les gusta el deporte les interesen todos los deportes al mismo nivel. Por este motivo, es mucho más valioso encontrar una audiencia de nicho dentro de todo ese grupo inmenso de «personas que les interesa el deporte». Teniendo en cuenta esto, podrías crear un podcast sobre «fanáticos del pádel», «seguidores de la natación» o «mejores amigos del running». Es así como puedes atraer a una audiencia mucho más interesada en ese tema, porque a una persona que le guste el running no le tiene por qué gustar la natación, pero a los apasionados del running sí les va a interesar todo lo que tú, como experto, les puedas contar sobre el universo runner.

Es fundamental tener siempre presente a la audiencia a la que te vas a dirigir. No puedes hablar igual para fanáticos del running, que para personas jubiladas que buscan nuevos deportes que practicar, por ejemplo. Piensa que un tema amplio va a diversificar a la audiencia y que generar interés será mucho más complicado. Así, con tu audiencia clara, tendrás que hacerte algunas preguntas: ¿qué temas le interesan a tu audiencia dentro de tu gran temática o temáticas? ¿Qué respuestas necesitan tus oyentes? ¿Qué les gustaría aprender a tus oyentes sobre ese tema? ¿Qué les puedes aportar? ¿Qué lenguaje utilizar? Respondiendo a todas o a algunas de estas preguntas es posible conseguir aportar valor a la vida de los seguidores y solo cuando les puedas aportar algo de valor querrán quedarse a escuchar todo lo que tienes que contarles.

Los expertos del podcasting corroboran que un podcast ha de tener al menos una de estas tres características: debe ser útil, interesante o entretenido. Y si tiene más de una de las tres mucho mejor. Una de las mayores ventajas de tener claro dónde están tus oyentes y, sobre todo, qué quieren escuchar ellos, es que también te puedan encontrar a ti de una manera mucho más rápida. El encuentro puede ser a través de muchas vías diferentes: las redes sociales, el boca a boca o las recomendaciones de otros expertos del tema que trates. Nadie puede asegurar que si un podcast es útil, interesante o entretenido vaya a ser un éxito, pero teniendo una de esas tres cualidades tiene muchas más opciones de triunfar en el gran y extenso universo del podcasting que si no las tiene.

Inversión inicial

Cuando ya se tiene claro sobre lo que se va a hablar y cuál es la audiencia hay que dar un paso más allá: ¿cuánto cuesta empezar un podcast? El dinero que se invierte en un podcast es una decisión propia del creador. Es decir, cada uno puede gastarse miles de euros en un buen micrófono o directamente puede grabarse con la grabadora de un móvil y, después, editar el sonido con algún software especializado en ello. Lo mismo ocurre con las mesas de sonido o con los auriculares. Todo depende del creador, del dinero del que disponga y del que se quiera gastar. Muchos podcast populares se ciñen a lo básico: un micrófono de gama media, un ordenador de alguno de los integrantes del equipo y un software básico y sencillo de grabación. Pero tampoco es raro invertir algo de dinero extra en una buena mesa de sonido o en marketing o publicidad. Lo más recomendable, sobre todo si se acaba de empezar, es no irse ni a un extremo ni a otro. Por suerte, la tecnología actual permite conseguir equipos de muy buena calidad por un precio bastante razonable. Así, lo mejor será invertir una cantidad baja al inicio para ir invirtiendo poco a poco en la mejora de los equipos según vaya avanzando el proyecto.

Tal y como la inversión inicial depende de lo que cada uno se quiera y pueda gastar, también va a verse afectada por otros factores como:

- El espacio en el que se vaya a grabar el podcast. De él va a depender el tamaño del equipo a adquirir. No es lo mismo grabar en un cuarto de 6 metros cuadrados, que, además es la habitación en la que el creador duerme, que contar con un espacio de más metros, que solo se utiliza para grabar el podcast. También influye si ese espacio va a ser siempre el mismo o si va a ir cambiando. Por ello, si se va a necesitar cargar con el set de grabación de forma diaria, la mejor opción será un equipo pequeño y que no pese demasiado.
- El número de participantes y, por lo tanto, la cantidad de micrófonos y de auriculares necesarios. Cuanto más participantes haya, más equipo se va a necesitar.
- Si se va a retransmitir también en streaming. Si la grabación va a ser en directo, se precisará de una cámara con buena calidad para poder subirlo a cualquier plataforma. En este punto entra Youtube, Twitch, etc.

Algunos de los podcasters más conocidos de España, como Gregorio Urquia de *HistoCast*[46], coincide con otros profesionales en que su inversión inicial no superó los 300€. Sin embargo, todos ellos afirman que en lo que sí hay que invertir es en tiempo y, sobre todo, en formación. Hay infinidad de cursos y tutoriales en internet para mejorar la práctica del podcast. Además, hay una tarea muy sencilla que puede llegar a formar más que cualquier otra acción que se lleve a cabo: escuchar los podcast de otras personas. Más allá de que el tema resulte de interés, es muy nutritivo como creador escuchar los programas de otra gente que hace buen contenido. No es recomendable quedarse solo con lo que a uno le gusta, hay que expandir los conocimientos, ya que hay mucha gente que puede en-

46. Uno de los podcast de historia más conocidos de España https://www.histocast.com/que-es-histocast/

señar mucho por muy poco. De esta manera, es esencial que antes de gastar dinero en un micrófono de gama alta, se invierta tiempo y, quizá, unos pocos euros en formación para poder sacarle el mayor partido a la voz y a los micrófonos de miles de euros.

3

¿POR DÓNDE EMPEZAR PARA CREAR UN PODCAST?

¿Qué hacer antes de empezar?

Si llevas ya un tiempo dándole vueltas al tema sobre el que quieres hablar y a qué audiencia te quieres dirigir es el momento de ir un poco más allá. Porque sí, ya eres casi un podcaster: tienes un tema claro, una audiencia nicho elegida y una inversión inicial estimada. ¿Cuál es el siguiente paso? Elegir el nombre para el podcast. Parece una tarea sencilla, pero no siempre lo es. Ten en cuenta que el nombre que elijas va a marcar la temática y el tono del podcast. Si vas a hablar sobre cine de terror tendrás que elegir un nombre que dé alguna pista del tema y del género. No es lo mismo elegir un nombre para un podcast de comedia absurda que uno para un podcast de terror. Cada uno tendrá un nombre muy diferenciado que dejará clara, o más o menos clara, la temática y el tono que se va a emplear. Por ejemplo, el podcast de Carolina Iglesias y Victoria Martín, *Estirando el chicle*, deja entrever que puede tratar temas serios, o no, pero que, probablemente, lo hagan desde el punto de vista de la comedia y de forma distendida. Y lo mismo ocurre con infinidad de podcast como *Hooligans Ilustrados*[47], que da una pista clara de que el contenido estará relacionado con el fútbol. Otro

47. Podcast sobre fútbol https://www.podiumpodcast.com/hooligans-ilustrados/sobre-el-programa

ejemplo es *No hay negros en el Tíbet*[48], que trata sobre la cultura y sociedad negra. Por supuesto, el nombre del podcast no lo es todo, pero muchas veces ayuda a que el oyente sienta curiosidad por el contenido.

Y aquí llega la pregunta del millón, ¿cómo elegir un buen nombre? Lo primero que puedes hacer es explorar en las diferentes plataformas para ver cómo han nombrado a los podcast similares al que tú estás a punto de lanzar. Es habitual ver, por un lado, nombres simples que son muy descriptivos como *Reaprender a trabajar*[49] y, por otro, encontrar podcast que incluyen juegos de palabras y que, incluso, cuesta saber sobre qué tratan como *Todopoderosos*. Si has echado un ojo a todos los podcast parecidos al tuyo, pero sigues sin saber cómo nombrarlo, puedes probar con la siguiente técnica. Hay muchas páginas web que te pueden ayudar a crear un nombre distinto y original. Para descubrir estas webs bastará con escribir en algún buscador, como Google: «naming generator» y te saldrán todos los resultados de las páginas que están diseñadas para crear nombres de marcas. Algunas de estas son *Squad help* y *Wix*. Estas webs solo necesitan una palabra descriptiva de tu negocio y/o proyecto para facilitarte una larga lista de nombres y combinaciones. Habiendo visto los nombres de otros podcast y con la ayuda de estas páginas puedes llegar a tener un buen nombre para tu podcast, aunque solo sea de partida. Una vez tengas un nombre que te convenza puedes pasar al siguiente nivel. ¡Allá vamos!

48. Podcast que trata temas sociales, cotidianos y culturales de la vida de los ciudadanos negros https://www.ivoox.com/podcast-no-hay-negros-tibet_sq_f11458892_1.html

49. Podcast sobre cómo repensar y reorganizar el trabajo en tiempos de teletrabajo https://www.podiumpodcast.com/reaprender-a-trabajar/temporada-1/t01e03-reaprender-a-trabajar-los-retos-de-la-transformacion-del-teletrabajo/

Principales plataformas de podcast

Desde el año 2004, en el que situamos el origen del podcast a nivel mundial, han ido naciendo muchas plataformas diferentes donde se aloja la gran cantidad de podcast que hay disponibles en el mercado. Algunas solo incluyen podcast y otras hospedan podcast y audiolibros. Además de que son el lugar ideal para cualquier amante de los podcast, también son el sitio idóneo para que tú, como futuro podcaster, puedas nutrirte de todo lo que se está haciendo y de lo que se ha hecho en el universo del podcasting. Tal y como mencionábamos en el punto anterior, un vistazo a este tipo de plataformas te puede ayudar a elegir un buen nombre y a encontrar contenido similar al tuyo. De todo se aprende y escuchar otros podcast parecidos, y no tan parecidos, al que estás a punto de lanzar puede darte muchas ideas.

Actualmente, el podcasting está en auge y, como suele suceder cuando algo está de moda, hay mucha oferta y eso es bueno para todos. Cuantas más opciones haya más habrá donde elegir y, sobre todo, más se hablará de ello. Y, por supuesto, para actuales y futuros profesionales del podcasting es interesante que todo el mundo esté enganchado a este tipo de formato. Hay plataformas para todos los gustos, algunas de las más utilizadas y conocidas las veremos a continuación, no sin antes detenernos unos instantes es saber qué es el feed RSS (Really Simple Sindication), del que vamos a hablar bastante. Se trata de un recurso para la distribución de contenidos que está basado en el lenguaje XML y es el que permite que la audiencia esté actualizada sobre nuevas publicaciones. Además, es el formato que posibilita generar archivos para distribuir contenido en internet, es decir, gracias a este formato es posible incluir las actualizaciones del contenido creado en otros sitios webs o plugins[50]

---

50. Son programas complementarios que amplían las funciones de las aplicaciones web y de programas sin necesidad de modificar el código original.

conocidos como agregadores. Todas estas actualizaciones se visualizan en los feeds[51], que según Google son: «flujos de contenido por los que los usuarios pueden desplazarse. El contenido aparece en bloques parecidos que se repiten uno después del otro. Por ejemplo, un feed puede ser editorial (si se trata de una lista de artículos o noticias) o una ficha (si es una lista de productos o servicios). Los feeds pueden aparecer en cualquier lugar de las páginas. Siendo algunos ejemplos de ello: una página principal de un periódico online; un listado de noticias en el horizontal de una página, etc.»

¿Recordáis a Dave Winer el emprendedor del que hablamos en el primer capítulo? Bien, pues fue él el creador de este formato en el año 2000. Su idea recurrente era agregar un vídeo o un audio a la entrada de un feed. Fue así como le dio vida plena al audioblogging y al videoblogging. Gracias a sus discusiones emprendedoras con Adam Curry, la implementación de estos medios al estándar RSS se hizo realidad y juntos, con un gran equipo de desarrolladores detrás, llevaron a cabo la versión 0.92 de RSS. Esta fue la que incorporó al mundo digital las nuevas etiquetas necesarias para lanzar la tecnología que haría posible hacer llegar archivos de audio a los suscriptores.

En los inicios, el único dispositivo disponible para escuchar estos audios era el MP3, que lanzó Apple en 2001 bajo el nombre de iPod. Por suerte, después, fueron naciendo todos los dispositivos y plataformas que hoy conocemos y que vamos a ir descubriendo.

Apple Podcast - iTunes

Como mencionamos en capítulos anteriores, **iTunes** es una de las plataformas que incluye podcast en su catálogo. Esta app de **Apple** estaba, y sigue estando, destinada a alojar música y

---

51. Definición detallada por Google de qué son los *feeds* https://support.google.com/adsense/answer/9189559?hl=es

películas, entre otros, pero gracias a la aplicación *Podcast* también empezó a incluir este tipo de contenido multimedia. Una de las ventajas de **Apple Podcast** es que se sincroniza con el iPhone, con el iPad, con el Mac o con **Apple TV**[52]. La gran desventaja es que solo puede ser reproducido en dispositivos de la marca **Apple**, lo que limita bastante el nivel de audiencia, al menos en el territorio español.

Menú de navegación
de la aplicación Podcasts
de Apple desde un dispositivo iPhone

52. Es es un reproductor multimedia que se conecta a una televisión a través de cable HDMI y funciona como una plataforma de VOD al estilo de Netflix o HBO https://www.apple.com/es/apple-tv-plus/

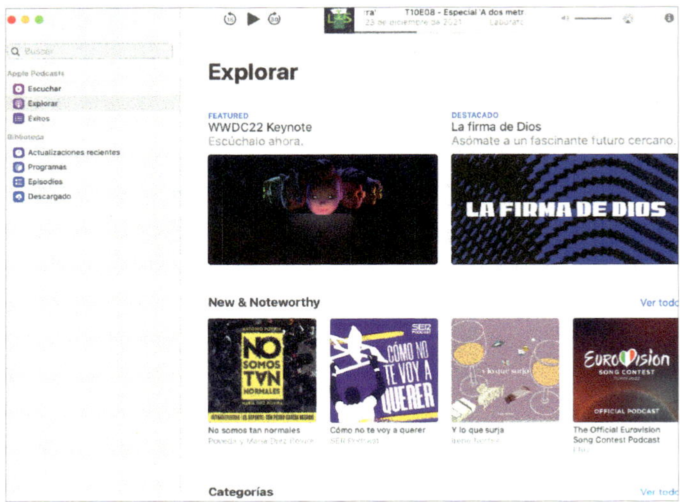

Menú de navegación de la aplicación
Podcast de Apple
desde un ordenador Mac

Encontrar contenido que sea de interés dentro de esta app es muy sencillo, ya que además de tener una lupa de búsquedas, organiza el contenido por categorías y temas como «cultura y sociedad», «humor y comedia», etc. Además, es posible dar con contenido relevante según eventos o fenómenos del momento. Por ejemplo, en junio es probable encontrar muchos podcast relacionados con el Orgullo LGTBIQA+ y en diciembre es habitual descubrir muchos con temas navideños. Actualmente, está presente en más de 150 países y cuenta con más de 500.000 podcast gratuitos a disposición de cualquiera que tenga la aplicación descargada en su dispositivo. Es posible escuchar sus podcast en unos 100 idiomas diferentes.

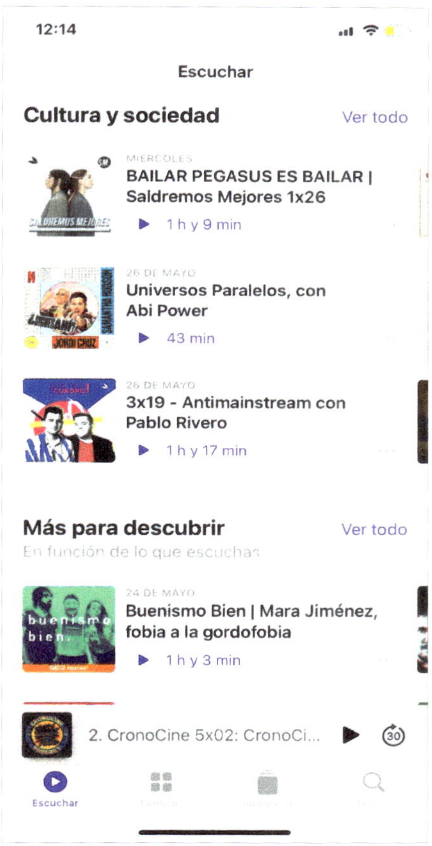

Menú de navegación de la aplicación
Podcast de Apple

Además de ser una plataforma con mucha y buena oferta, también es un buen espacio para podcasters, ya que estos pueden ubicar todo su contenido dentro de la app de forma totalmente gratuita. El único inconveniente de esta aplicación es que no aloja los audios. Es decir, para incluir contenido dentro de la aplicación de **Apple** es necesario subir los audios a otras plataformas que sí ofrezcan el servicio de alojamiento, esto es conocido como *hosting*, del que hablaremos más adelante (si quieres saber más sobre ello antes de continuar ve al capítulo 7).

Algunas de estas plataformas pueden ser *Libsyn*[53] e **iVoox**, entre otras. Así, una vez que el audio ya esté alojado en una plataforma que lo permita, se generará un link, el ya conocido *feed* RSS y con él se podrá empezar a distribuir el contenido a través de **Apple Podcast**. La página para podcasters de **Apple** recibe el nombre de *Podcast connect* y pone a disposición de los creadores un espacio único donde ver todos los programas subidos y las métricas correspondientes a todo el contenido alojado. Hablaremos de las métricas en el capítulo 8, pero son verdaderamente importantes para mejorar la calidad del contenido.

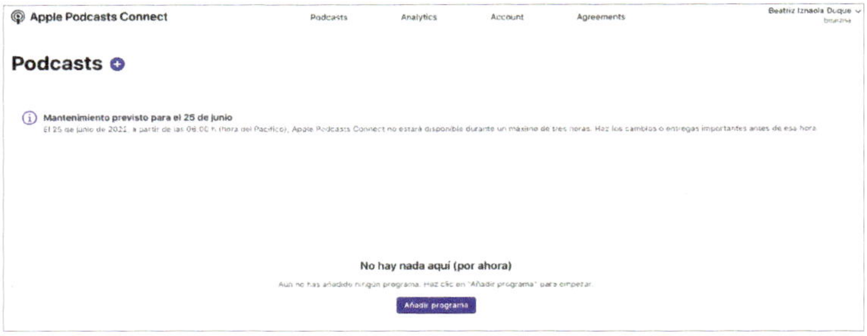

iVoox

Es una de las plataformas gratuitas más utilizadas y mejor valoradas en España. En ella no solo se alojan podcast, sino que también se pueden encontrar conferencias, radio en directo, relatos, audiolibros, etc. A diferencias de **Apple Podcast**, en **iVoox** el usuario puede escuchar contenido y subirlo, ya que la plataforma cuenta con un servicio de *hosting* en el que se puede añadir todo tipo de contenido de audio de forma muy sencilla. Además, de cara al podcaster, esta plataforma ofrece una herramienta de analítica que puede ayudar a entender a la audiencia, en cuanto a su comportamiento, gustos y tráfico. La página para creadores recibe el nombre de **iVoox Pod-**

---

53. *Hosting* de origen estadounidense https://libsyn.com/

casters[54]. Al inicio tendrás que rellenar toda la información necesaria tanto si ya tienes un programa y lo quieres subir a la plataforma, como si quieres hacer uno nuevo. Además, **iVoox** te recuerda que subir contenido es gratis, pero que para ganar dinero con ellos lo mejor es acogerse a alguno de sus planes.

Subir un podcast ya creado o hacerlo de cero
desde la página de creadores de
iVoox https://podcasters.ivoox.com/#/onboarding

Planes y tarifas de i*Voox* para creadores
https://podcasters.ivoox.com/#/plans

54. Página para creadores de iVoox https://podcasters.ivoox.com/#/onboarding

Otra de las ventajas que ofrece, y que la diferencia de **Podcast de Apple**, es que se puede utilizar en Android, iOS o desde el ordenador. Asimismo, tiene una opción de suscripción, que ofrece un contenido premium, por si el contenido gratuito no fuera suficiente para el oyente o por si los anuncios le suponen una molestia en la escucha. Del mismo modo, los oyentes tienen la posibilidad de pagar por escuchar su contenido favorito, los creadores también tienen la opción de ampliar su plan. El plan gratuito existen algunas limitaciones: la plataforma solo acepta el formato MP3; la extensión del podcast no puede superar las dos horas de duración y el contenido no ha de ser superior a los 300MB.

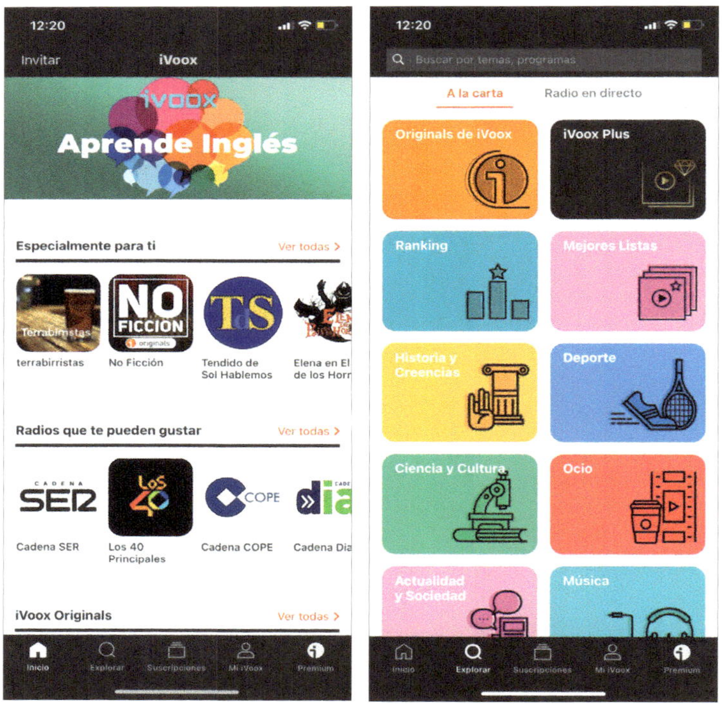

Menú de navegación de la aplicación iVoox

Spotify

Además de ser la app preferida por los usuarios para escuchar música desde cualquier dispositivo, también se está convirtiendo en una de las favoritas para escuchar podcast. En cuanto a consumo de podcasting, es una de las que más ha crecido en los últimos años. Mensualmente cuenta con casi 300 millones de usuarios y aloja contenido de todo tipo. También cuenta con su propio plan de suscripción, el cual permite disfrutar de todo el contenido sin anuncios y sin límites. Otra de sus principales ventajas es que puede utilizarse desde cualquier dispositivo: un ordenador, la televisión, un móvil con sistema operativo de Android, un iPad, etc. Sin embargo, tal y como ocurre con **Apple Podcast**, **Spotify** no tiene servicio de *hosting*, por lo que será necesario subir el contenido a través de los *feed* RSS a otras plataformas para poder distribuirlo.

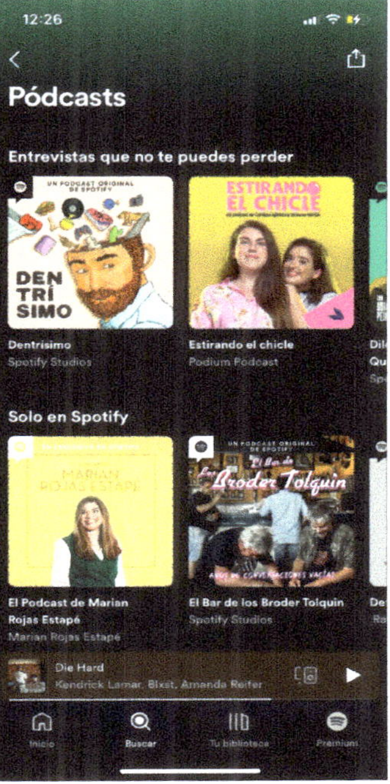

Menú de navegación de la aplicación Spotify

Para los creadores la plataforma tiene una página específica: **Spotify for Podcasters**[55]. En ella es posible descubrir cómo lanzarse al universo del podcasting a través de vídeos cortos y webinars. Lo primero que piden es incluir el link al *feed* RSS, ya que como se ha mencionado no tiene la opción de *hosting*.

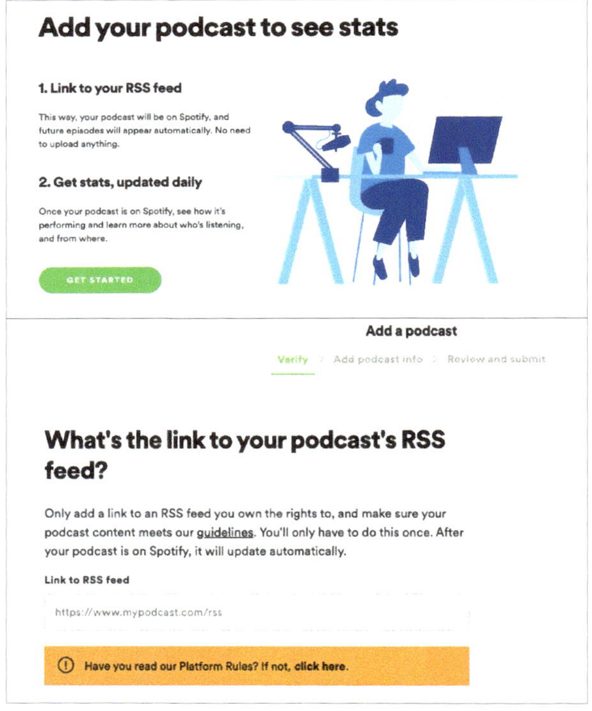

Primeros pasos para convertirse en podcaster a través de Spotify https://podcasters.spotify.com/submit

Normalmente, los procesos son sencillos, pero como se anticipaba en el primer capítulo, hay que dedicarle tiempo y esfuerzo. Un podcast no es cosa de un día, ni de varias jornadas, es un trabajo de fondo, que poco a poco irá cogiendo forma y fuerza.

55. Página web para creadores de Spotify https://podcasters.spotify.com/

Google Podcast

Por supuesto, Google no podía quedarse atrás, así que en cuanto vieron que el auge del podcast era real, también crearon su propia plataforma de podcasting. Su interfaz es sencilla y sigue el estilo visual de Google. Además, puede utilizarse desde Android y desde iOS, lo que amplía considerablemente a la audiencia. La única desventaja es que tampoco aloja audio, por lo que los creadores de contenido se verán obligados a utilizar *feed* RSS para incluir los podcast en la plataforma. A pesar de esto, Google cuenta con una aplicación que puede ser de mucho interés para los podcasters: **Google Podcast** *Manager*[56]. Tal y como ocurre en **Spotify**, el primer paso es introducir la URL del *feed* RSS para poder continuar. Una vez esté verificada, ya se podrá utilizar la plataforma en todo su esplendor. En ella se incluye mucha información sobre la audiencia, que permite saber datos como, por ejemplo, desde qué dispositivos se conectan los seguidores y a entender los nuevos hábitos de escucha que se están tomando.

56. Página web para creadores de Google Podcast https://podcastsmanager.google.com/about?hl=es

La interfaz de escucha es muy similar a las anteriores que hemos visto, con la página principal donde la propia aplicación recomienda contenido y con otra pestaña para poder descubrirlo por cuenta propia.

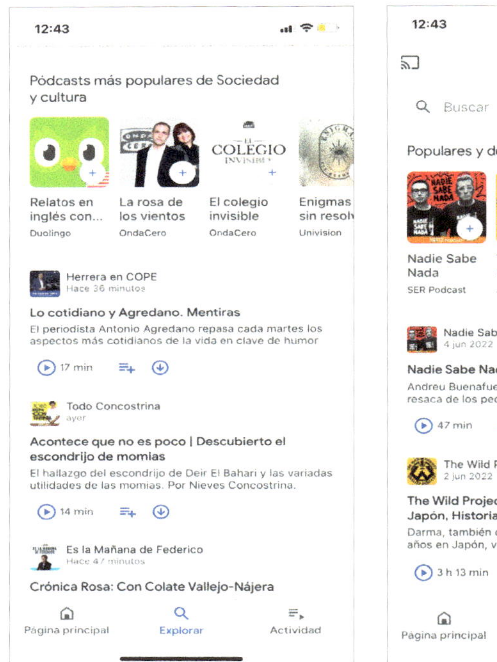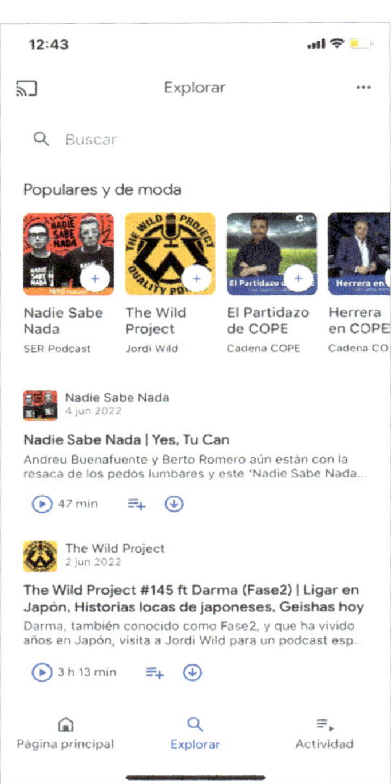

Menú de navegación
de la aplicación Google Podcast

Audible

Esta plataforma pertenece a **Amazon** y, originalmente, se creó para alojar audiolibros. Sin embargo, ante el crecimiento del podcasting a nivel global, también desarrollaron la opción de alojar podcast dentro de la plataforma. **Audible** se puede escuchar desde Android, iOS y productos compatibles con *Alexa*[57]. También tiene su propia suscripción de pago para explotar el contenido al máximo. Actualmente, la app se está centrando mucho en los audiolibros y parece que se está haciendo un gran hueco en el mercado. Veremos en detalle su caso más adelante.

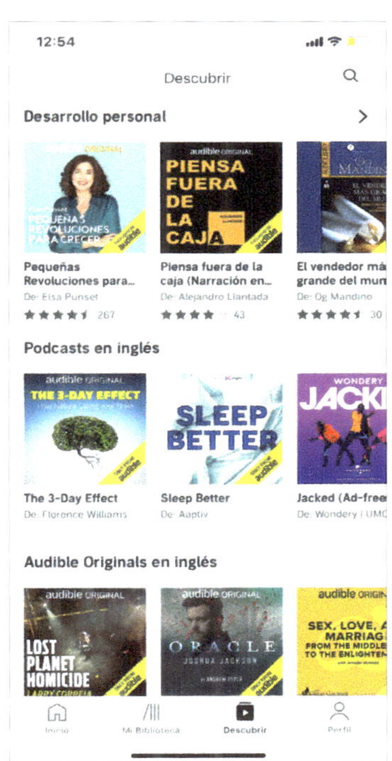

Menú de navegación de la aplicación Audible

57. Es el asistente virtual de Amazon

Deezer

En su origen, era una plataforma de música, pero en el año 2020 se sumergió en el mundo del podcasting. En poco tiempo, ha conseguido alojar miles de podcast de temas muy diferentes. Se puede acceder desde un ordenador y desde cualquier dispositivo Android o iOS. Tal y como sucede con **Apple Podcast** y con **Spotify**, **Deezer** tampoco cuenta con un servicio de *hosting* para alojar podcast de forma directa, así que todos los creadores de contenido que decidan utilizar esta plataforma tendrán que compartir sus audios a través de los ya conocidos *feed* RSS. A pesar de esta acotación, los podcasters pueden subir su contenido de forma gratuita y sin límite en cuanto al tamaño del archivo, lo que resulta muy atractivo.

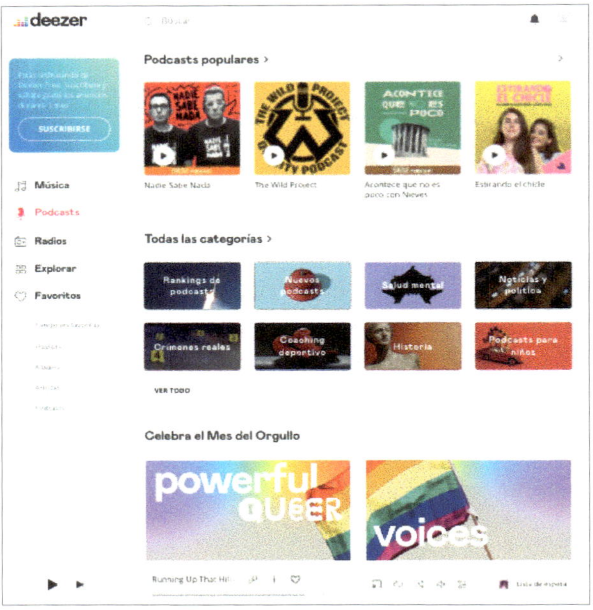

Menú de navegación de la aplicación Deezer
desde el escritorio del ordenador

Spreaker

Es la primera plataforma del listado que se centra más en el creador que en el oyente. Una de las cosas que destaca dentro de esta plataforma es el podcasting en vivo. Los podcasters pueden retransmitir su programa en directo a través de la app, disponible para Windows, Mac, iPhone y Android.

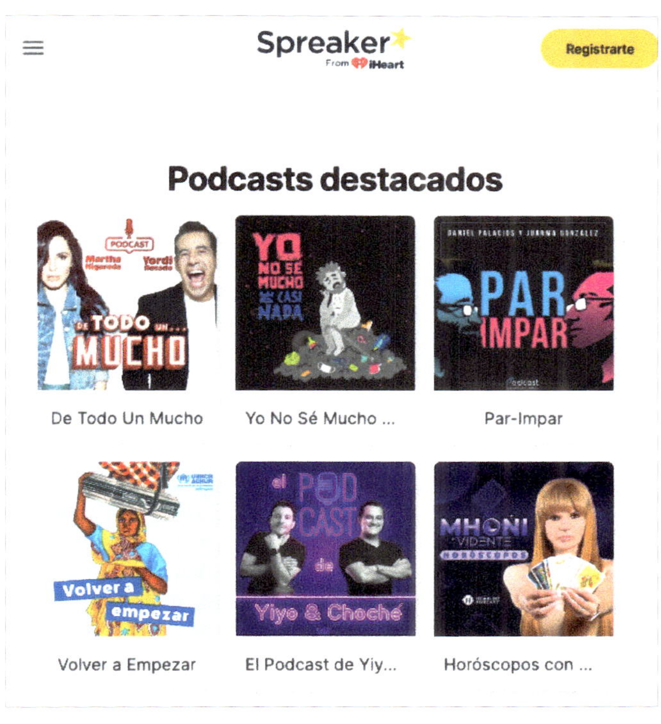

Menú de navegación de la aplicación Spreaker
desde el escritorio del ordenador

Dentro de plataforma los creadores también pueden grabar su contenido para subirlo más tarde. Además, es posible tener acceso a estadísticas sobre el comportamiento de los usuarios. **Spreaker** sí tiene servicio de *hosting*, por lo que a través de esta plataforma sí se puede distribuir el contenido directamente y, además, es posible que plataformas como **Spotify** o **Apple**

Podcast utilicen **Spreaker** como app de *hosting*. De esta manera, no cabe duda de que **Spreaker** es una de las favoritas de los podcasters, ya que sus herramientas son muy amplias y muy cómodas para los creadores.

Al igual que ocurre con **iVoox** o con **Spotify**, **Spreaker** pone a disposición de los podcasters unos planes mensuales para generar beneficios, a pesar de que tiene un plan que es totalmente gratuito.

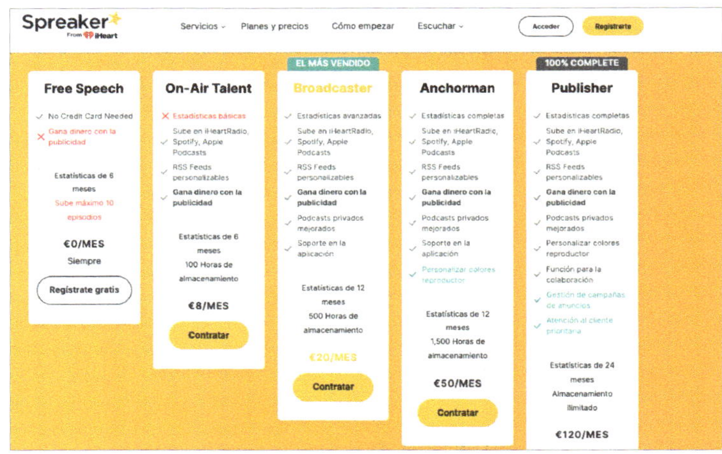

Planes y tarifas de Spreaker para creadores https://www.spreaker.com/plans?sp_source=www%2Fheader%2Fplans

La gran ventaja de esta plataforma es que es una solución integral, es decir, en vez de tener que utilizar diferentes apps para alojamiento y distribución, en **Spreaker** es posible hacerlo todo.

Podium Podcast

Es una de las mejores plataformas para encontrar podcast en español, ya que, como también hacen otras plataformas, aumenta mucho su oferta al crear su propio contenido. **Podium Podcast** lo hace junto a otras emisoras hispanohablantes del grupo Prisa como: *Prisa Radio en México, Colombia o Argentina*. Su navegación es muy sencilla y es posible acceder a la página desde la web o desde cualquier dispositivo de Android o iOS. Su catálogo es de los más extensos y recopila podcast de entretenimiento, cultura e información, entre muchos otros.

Menú de navegación de la aplicación Podium Podcast

Esta plataforma hace algo que no hacen las demás: incluir un formulario para que posibles creadores se pongan en contacto directamente con el equipo encargado de crear nuevos podcast: «Si eres guionista, técnico, actor, ilustrador, escritor o periodista y tienes alguna buena idea que pueda convertirse en podcast, PODIUM quiere conocerte. Ponte en contacto con nosotros a través de nuestro formulario.»

Página web para creadores en Podium podcast
https://www.podiumpodcast.com/creadores/

SoundCloud

Originariamente, nació con el objetivo de que los artistas pudieran compartir su música con el resto del planeta. Sin embargo, poco a poco fue ampliando su negocio y, actualmente, cuenta con podcast de todo tipo. En mayor medida, se ha centrado en alojar contenido en inglés. Permite que los usuarios hagan comentarios sobre el contenido, para que los creadores tengan *feedback* directo por parte de sus oyentes y puedan mantener el contacto siempre que quieran hacerlo.

Además, ofrece un plan de suscripción, que resulta muy interesante para podcasters, aunque el plan gratuito solo admite tres horas de duración y almacenamiento limitado. Sin embargo, con la opción de pago, el creador puede acceder a todas las métricas completas y a la programación de sus publicaciones.

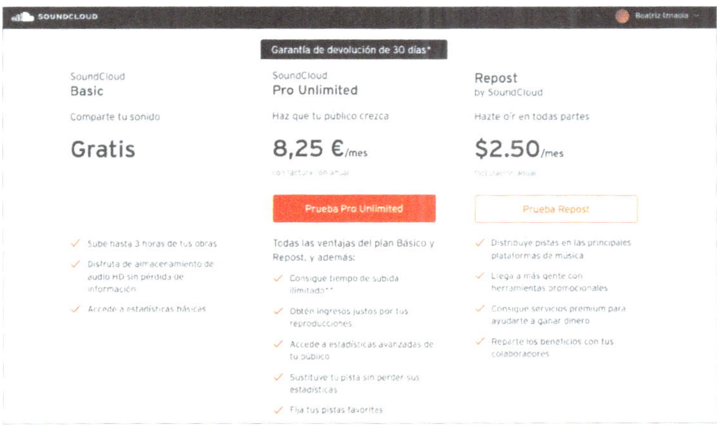

Planes y tarifas de Soundcloud para creadores
https://checkout.soundcloud.com/pro?ref=t100

Tal y como ocurre con el resto de las plataformas, **Soundcloud** también cuentan con un apartado exclusivo para creadores[58] desde el que se puede hacer de todo, no solo compartir el contenido, sino optimizarlo o incluir un botón para soporte económico por parte de los usuarios. Además, si eres nuevo, no tienes de qué preocuparte, **Soundcloud** tiene un repertorio muy amplio de artículos explicativos donde se detalla todo lo que se puede hacer dentro de la plataforma. En ellos explican desde lo más básico, con consejos rápidos, hasta lo más complejo como hacer crecer tu carrera una vez lanzada.

Existen muchas más plataformas, con servicio *hosting* y sin él, aunque estas son las principales, tanto para oyentes, como para los propios creadores de contenido. Si solo eres oyente, todas son buenas, solo dependerá del tipo de contenido que te interese. Si prefieres escuchar contenido original tu elección puede ir más hacia esas plataformas que hacen contenido exclusivo como **iVoox**, por ejemplo. Pero sin duda cualquier opción será buena. Sin embargo, si eres creador, antes de decantarte por una o por otra, piensa bien qué necesidades tiene tu podcast a corto y a medio plazo y hazte algunas preguntas como: ¿cuál va a ser la duración de los episodios? ¿Necesitas tener incluido el servicio de *hosting* dentro de la app que vayas a utilizar? ¿Qué aplicaciones utiliza más tu audiencia? ¿En qué países está tu nicho? ¿En qué formatos exportas el contenido? Todas estas preguntas te van a ayudar a elegir una plataforma u otra. Porque una vez que te decantes por una tienes que seguir con ella hasta el infinito y más allá, ya que las migraciones son muy complejas, esto lo veremos en el capítulo 7.

Ficciones sonoras, ¿un nuevo formato?

Como hemos visto en los capítulos anteriores, hay muchos tipos de podcast y cada uno es único, ya sea por su duración, por su temá-

58. Apartado para creadores https://community.soundcloud.com/

tica o por su formato. Hay programas de información, de humor y, por supuesto, de ficción. ¿Recuerdas las radionovelas? Pues hemos vuelto a ello. Este tipo de contenido también rememora al radioteatro, que tuvo su esplendor en el siglo xx. Así, la ficción sonora actual es un híbrido entre las series televisivas, la radionovela y el radioteatro. Las estructuras y la duración han cambiado, pero la esencia sigue siendo la misma: contar historias ficcionadas.

El primer gran hito mundial relacionado con este tipo de historias llega de la mano de *La guerra de los mundos* en la noche de Halloween de 1938: «Señoras y señores, les presentamos el último boletín de Intercontinental Radio News. Desde Toronto, el profesor Morse de la Universidad de McGill informa que ha observado un total de tres explosiones del planeta Marte entre las 7:45 P.M. y las 9:20 P.M». Así comenzaba el programa de ficción que provocó el caos. Aunque los locutores habían avisado al inicio de que se trataba de una ficción, muchos radioyentes no se dieron cuenta y entraron en pánico absoluto. Hubo suicidios, huidas y otros altercados graves. Los expertos marcan así el inicio de la ficción sonora y de las *fake news* (noticias falsas), ya que muchos entendieron que se trataba más de una locución de unos hechos falsos en directo que de un programa aislado.

Más allá de las radionovelas y del radioteatro, en España, dentro del universo del podcasting, el primer acontecimiento sonoro de estas características fue *El gran apagón*[59] en el año 2016, que decía así: «El 11 de abril de 2018 una tormenta solar de extraordinaria fuerza inutiliza todos los satélites y gran parte de los sistemas eléctricos, dejando el planeta en completa oscuridad. Sin internet ni telefonía. Sin televisión ni luz eléctrica.» Así, memoraba a la historia de Howard Koch y Orson Welles, *La guerra de los mundos*. Por suerte,

---

59. Podcast de ficción sonora en español https://www.podiumpodcast.com/el-gran-apagon/sobre-el-programa

no tuvo las consecuencias negativas que provocó la idea original, pero también obtuvo mucho éxito y popularidad.

Portada del programa *El gran apagón*
de Podium Podcast

El programa dio por finalizada su emisión en el año 2018, dos años después de su inicio y durante todo ese tiempo contó con muchos adeptos a la historia. Aunque fue uno de los primeros, no ha sido el único. Tras él han llegado ficciones sonoras de gran reconocimiento como *La firma de Dios*[60] escrita por Jose A. Pérez Ledo o *Blum*,

60. Podcast de ficción sobre una pandemia que azota al mundo en el año 2004 https://www.podiumpodcast.com/la-firma-de-dios/sobre-el-programa

el podcast de ficción de Manuel Bartual y Carmen Pacheco, que cuenta con la actriz Vicky Luengo como voz principal. *Blum* nace como una colaboración entre El extraordinario[61], productora de podcast, y la Oficina de Turismo de Suiza, y se trata de una historia de misterio que engloba a una estudiante desaparecida, una artista vanguardista del siglo XX y a una chica que se interesa por ambas mujeres. Tras su lanzamiento en junio de 2022 pronto se situó entre los podcast más escuchados de **Podcast** de **Apple**. ¿Cómo se consigue este éxito en tan poco tiempo? El propio guionista de la historia afirma que al crear este tipo de contenido se dio cuenta de que «tenemos el oído más educado de lo que pensamos y eso ayuda mucho. Muchas veces no es necesario verbalizar una acción, porque con un buen diseño de sonido se entenderá igualmente. Y esto es muy interesante, porque en un podcast cuesta lo mismo el sonido de una puerta cerrándose que el de un edificio derrumbándose. En un podcast, tu historia puede ser todo lo grande o todo lo pequeña que quieras.»

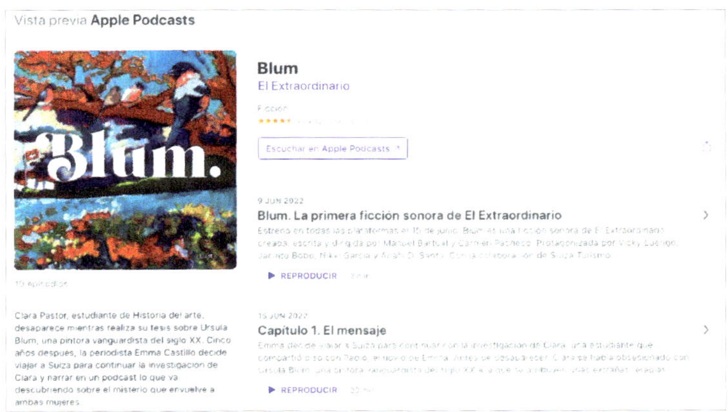

Portada del podcast Blum dentro de la plataforma de Apple Podcasts https://podcasts.apple.com/es/podcast/blum/id1628675392

61. Productora de podcast de ficción y de ciencia, especializados en *audio branding* https://elextraordinario.com/quienes-somos/

Sin duda, las ficciones sonoras no son un nuevo formato en el universo del audio, pues nos llevan acaparando desde hace décadas, sin embargo, las estructuras sí han cambiado y los efectos sonoros son cada vez más importantes. Tal y como cuenta Manuel Bartual: «El podcast es una forma diferente de consumir historias. Es algo a medio camino entre el audiovisual y la literatura, con unos ritmos y estructuras similares a los del cine y la televisión y la capacidad de sugerir que tienen las novelas, ya que en las ficciones sonoras las imágenes las pones tú.»

Este tipo de formato, que está cobrando mucha relevancia en los últimos años, se sitúa en una zona de confort que roza lo visual y lo auditivo, pero la verdadera magia es que sigue siendo únicamente un fenómeno sonoro al que el oyente puede o no atribuirle imágenes. Con este contenido ocurre algo muy parecido a lo que sucede con los audiolibros. La narración ayuda a crear imágenes propias, pero es el oyente el que les da forma y color. Así, entramos de lleno en el mundo de los audiolibros, un universo sonoro repleto de imágenes visuales.

4

LOS PRIMEROS PASOS PARA CREAR TU PROPIO AUDIOLIBRO

¿Te gusta la interpretación? ¿Has escrito un libro y quieres dar un paso más allá de la publicación en papel? ¿Eres doblador? Todas las opciones son idóneas para ponerte manos a la obra y grabar tu primer audiolibro. El proceso no será sencillo, pero seguro que valdrá la pena.

Interpretación, dicción y ritmo en la locución

Si estás leyendo esto es porque, verdaderamente, te interesa el universo de los audiolibros, quizá no tanto para grabar el tuyo propio como para aprender sobre ellos. Una de las primeras cosas que has de saber es que no solo hay actores y actrices que se ponen delante de una cámara y actúan, también los hay que se ponen delante de un micrófono y actúan, de otra manera, pero con el mismo objetivo: dramatizar una obra ya escrita. Este tipo de actores se llaman actores de voz o actores de doblaje y suelen poner voz a un personaje en un idioma diferente al del actor original o, bien, interpretan con la voz a personajes de un libro o de un relato. Suelen trabajar en estudios de doblaje, pero también hay muchos que montan su propio estudio en casa y se lanzan a la aventura.

Sin duda, la voz es la herramienta principal para dar luz a un audiolibro, tal y como lo ha sido desde que se tiene conocimiento de la existencia de la palabra hablada y de la transmisión de historias de unas generaciones a otras. El ser humano siempre ha vivido con intensidad la creación y la difusión del relato. Ahora ya no solo se narran cuentos infantiles o historias cotidianas, ahora se locutan sagas completas, libros de terror e historias de superhéroes. No se puede negar que el auge de los audiolibros en plataformas online es el resurgir de una tradición tan antigua como bonita.

La interpretación, la dicción y el ritmo son tres de las cualidades más importantes a la hora de dar voz a una novela o, bien, a un relato no ficcionado, aunque en este caso el nivel de interpretación ha de ser diferente. Si no te has formado todavía para ser actor de doblaje y quieres empezar a darle voz a libros, puede ser un buen momento para retomar la formación. Es cierto que la autodidáctica está a la orden del día y cada vez son más las personas que aprenden sobre cualquier cosa a través de libros y/o tutoriales de **Youtube** desde sus casas y sin necesidad de tener a un profesor cerca. Así que, siempre es posible aprender sobre interpretación en doblaje de esta manera, pero si la enseñanza online o la autodidáctica no son lo tuyo, hay muchas escuelas que están especializadas en actores de doblaje. En ellas podrás aprender sobre Interpretación, dicción y ritmo en la locución. La voz es el elemento principal en este tipo de trabajo y hay que saber trabajarla, modularla y, sobre todo, cuidarla. Si ya tienes la formación necesaria, pasemos al siguiente punto.

Home studio o externalización de la edición y el sonido

Aun teniendo ya toda la formación en lo necesario para locutar tu propio audiolibro o el de otra persona porque se trate de un encargo, las grandes dudas que surgen son: ¿desde dónde lo grabo?

¿Cómo lo edito? Lo ideal es que alguien te ofrezca la posibilidad de grabarlo en un estudio profesional donde dispondrán de todo el equipo necesario para grabar con un buen sonido y poder editarlo después. Sin embargo, si no tienes a tu alcance esta opción, no te preocupes, vamos a ayudarte a montar tu propio *home studio* o a externalizar la edición y el audio, si lo prefieres.

Un *home studio* es un estudio de grabación «casero», no tiene por qué estar alojado en tu propia vivienda, pero sí se da por hecho que no está ubicado en un estudio profesional. Al principio puede parecer muy complejo, pero no lo es, solo es necesario tener algunas cosas en cuenta. En primer lugar, es imprescindible aprender a controlar la calidad del sonido. Principalmente, esto se consigue teniendo presentes dos factores que son fundamentales: el aislamiento del espacio durante la grabación y el tratamiento del sonido una vez grabado. A no ser que seas ya un experto y te hayas dedicado a la grabación de audio anteriormente, no es habitual disponer de una habitación completamente aislada de ruidos exteriores y de eco, pero sí hay técnicas que te pueden ayudar a conseguir reducir los ruidos exteriores:

- Busca una habitación pequeña. Cuanto mayor sea el espacio más difícil va a ser poder aislarla de todo ruido exterior y del propio eco del habitáculo.
- Evita que la cocina o el baño estén cerca de donde grabes. Ambos espacios tienen muchos ruidos propios como tuberías, la lavadora o el refrigerador. Además, potencian la generación de eco.
- Recuerda que el principal objetivo es que la habitación donde vayas a montar el *home studio* no sea acústicamente reflectante. Para conseguirlo se pueden añadir sofás o alfombras, por ejemplo.
- Otros materiales que no ayudan a la propagación del sonido son las mantas y los objetos con espuma, así, un buen truco sería colocar una manta tras el micrófono para que el sonido choque contra ella y no se reflecte.

- Para aislar la habitación de todo ruido exterior puedes colgar cajas de huevos o mantas de espuma sobre la pared.

Llevándolo al extremo, el sitio perfecto para grabar sería un armario. Ya que es un espacio pequeño, sino diminuto, donde hay objetos como ropa, mantas o sábanas que no permiten que el sonido se reflecte, por lo que el eco y los ruidos exteriores serán ínfimos. Sabemos que esto no es factible, pero es un ejemplo muy apropiado para poder hacerse una idea perfecta de cuál sería el mejor espacio para grabar tu contenido y poder extrapolarlo a un espacio más realista.

Siguiendo estos simples consejos va a ser mucho más llevadero preparar un *home studio* casi profesional. Así que una vez que tengas la habitación preparada para que no se reflecte el sonido y que la generación de eco quede eliminada todo lo posible, ¿qué se necesita para grabar en casa?

Micrófono

Hay expertos que aseguran que hay un micrófono para cada voz, pero lo más realista es que hay miles de micrófonos y millones de voces y no hay nada que no se pueda solucionar en postproducción. Aún así es importante tener en cuenta que para poder grabar audiolibros es imprescindible disponer de un buen micrófono que posea condensador, siendo su función la de ofrecer una mejor frecuencia de presión sonora y una respuesta dinámica. Esto se traduce en una grabación más clara y con menos ruido exterior. Asimismo, es importante que tenga direccionalidad cardioide, lo que quiere decir que el micrófono recogerá todos los sonidos frontales y tendrá menos sensibilidad a los que procedan de los laterales. Los cardioides son capaces de ofrecer un audio casi limpio de ruido ambiental, por lo que resultan perfectos para un estudio casero. Otro de los elementos que debe tener un micrófono de este tipo es que funcione con frecuencias medias a altas en grabación vocal. En el capítulo 6 veremos algunos ejemplos de buenos micrófonos que pueden ser ideales tanto para grabación de podcast, como para la narración de audiolibros.

Ordenador

Lo más importante del PC es que tenga capacidad para poder instalar programas de edición de sonido y que pueda almacenar todos los audios que sean necesarios para construir el audiolibro completo. Es importante que no ocurra como le sucedió a Thomas Edison en el siglo XIX, la capacidad de almacenamiento y, por lo tanto, el procesador son fundamentales. Sin embargo, no es obligatorio tener un ordenador de última generación para hacer buenas grabaciones y ediciones posteriores, pero sí será imprescindible contar con almacenamiento extra. Si tu PC no cuenta con una gran capacidad de almacenamiento siempre puedes incorporar un disco duro para sumar algunos gigabytes extra. Los programas de edición son bastante voluminosos, por lo que cuanto más espacio se tenga mucho mejor. Esto lo notarás, sobre todo, en la velocidad del dispositivo. A menos espacio, menos capacidad de procesamiento y, por lo tanto, menos velocidad en los procesos.

Auriculares

Los auriculares es otro de los elementos básicos que se van a necesitar para grabar un audiolibro propio. Tal y como sucede en radio, por ejemplo, es importante poder escucharse a sí mismo mientras se locuta, para ello será necesario disponer de unos buenos auriculares que tengan cancelación de ruido. Así, se logrará mucho mejor poder escucharse en el momento y escuchar todas las grabaciones posteriormente evitando los ruidos externos. También en el capítulo 6 vamos a ver algunos modelos idóneos para desempeñar esta función.

En un comienzo, esto es lo único que necesitaremos para dar vida a nuestro audiolibro en un *home studio*. Siempre se puede tener un mejor o peor equipo, pero este siempre ha de contar con los tres elementos que hemos mencionado: un micrófono, un ordenador y unos auriculares. Sin embargo, si crearte tu propio estudio en casa o en un local no es la idea que más te llama la atención, piensa que siempre puedes externalizar el servicio de grabación y de edición de audio. Solo tendrás que acudir a algún estudio profesional de sonido, pagar por grabar allí tu pieza y, posteriormente, encargar el servicio de edición de audio. Esta es una buena opción siempre que te cueste mucho más esfuerzo grabar y editar tú mismo y que puedas contar con el dinero suficiente para ello. Si lo que ocurre es que no te has atrevido a probar a grabar tu propio contenido por miedo a hacerlo mal, quítate el miedo lo antes posible, piensa que invirtiendo un poco de esfuerzo puedes crear tu contenido tú mismo y, además, ahorrarte bastante dinero.

Principales plataformas de audiolibros

Al igual que hay muchas plataformas distintas en las que poder escuchar y subir podcast, desde hace unos años también han aumentado las aplicaciones desde las que poder escuchar y publicar audiolibros. Algunas de ellas reparten su éxito entre los podcast y los audiolibros, mientras que otras solo se centran en la distribución de contenido de «lectura». Por diferentes motivos, publicar un audiolibro propio no resulta tan sencillo como subir a la nube un podcast. Al audiolibro se le exige una mayor calidad que al podcast, tanto de contenido, como de interpretación e, incluso, de locución. En numerosas ocasiones, los podcast pueden ser entendidos como un espacio en el que un número determinado de personas, que saben sobre un tema concreto, charlan sobre él, mientras que al audiolibro se le exige una mayor «profesionalidad». De este modo, las plataformas de auto publicación de audiolibros no son tan numerosas como lo son las de publicación de podcast. Aún así hay una gran variedad de opciones tanto para leer audiolibros, como para subirlos. A continuación, descubrimos algunas de las plataformas más conocidas para audiolectores y autores:

Audible

Ya la hemos mencionado anteriormente, pero no podemos dejarla atrás, ya que es una de las más veteranas en esta área. Su negocio arrancó antes de pertenecer a **Amazon**, aunque no fue hasta la adquisición por parte de la empresa estadounidense cuando consiguió su verdadero reconocimiento en el mercado. Cuenta con un catálogo muy extenso y es una de esas plataformas en las que conviven podcast y audiolibros. Uno de sus mayores atractivos de cara a los oyentes es que han fichado a grandes actores españoles para la narración de las obras, como a José Coronado para locutar *Drácula* y *Sherlock Holmes*. Y a pesar de que es de pago mensual, la plataforma no deja de crecer.

Menú de navegación
aplicación Audible

Dentro del universo de **Amazon**, se encuentra *Audiobook Creation Exchange*[62] (ACX), una web donde poder autopublicar audiolibros. En *ACX* es posible elegir narrar tu propio audiolibro o seleccionar a un narrador profesional de una gran lista que facilitan ellos mismos para que lo narren por ti. Te recomiendan que elijas un narrador para una mejor interpretación, pero si te ves preparado para locutar no dudes en ser tú mismo el narrador de tu propia historia. El único inconveniente, es que, actualmente, solo está disponible para Estados Unidos, Canadá, Reino Unido e Irlanda. El servicio se puede disfrutar siempre que se tenga una dirección postal, un número de identificación tributaria (TIN) válido y detalles bancarios en alguno de estos países. En la página web de *ACX* hay artículos y vídeos explicativos a través de los cuales se puede aprender a llevar a cabo el proceso.

I'm ready to go. What do I do?

The process for authors narrating their own audiobook on ACX is simple.

Step 1. Make sure your audiobook is ready for upload

If you haven't recorded your book yet (or even if you have), make sure it follows our **Audiobook Submission Requirements**. As far as recording is concerned, you can use a professional studio, or, if you're willing to put in a little more effort, you can produce your audiobook yourself using your computer and some basic recording equipment. Need help? Watch the short video above for tips, and **go here for advice on creating your own home studio.**

Step 2. Upload your file

Your audiobook must be fully finished and ready for retail before uploading. If you're ready to upload, log into your ACX account. Click on the blue "Add your Title" link in the upper right hand side of the website. You will then add the metadata for your audiobook (i.e. it will be listed on your product detail page) and begin the upload process. Once you've started that process, you can come back and finish it at any time.

Procedimiento para autopublicar un audiolibro en *ACX*
https://www.acx.com/help/authors-as-narrators/20062686

62. Plataforma estadounidense para autopublicar tus eBooks o audiolibros *Audiobook Creation Exchange* https://www.acx.com/help/about-acx/200484860

Rakuten Kobo

Desde Canadá, llegó al mercado esta plataforma que divide su contenido entre e-books y audiolibros. Esta empresa, además de poner a disposición de los lectores y oyentes un gran catálogo de lecturas, vende eReaders[63] para que los consumidores puedan disfrutar de la experiencia completa.

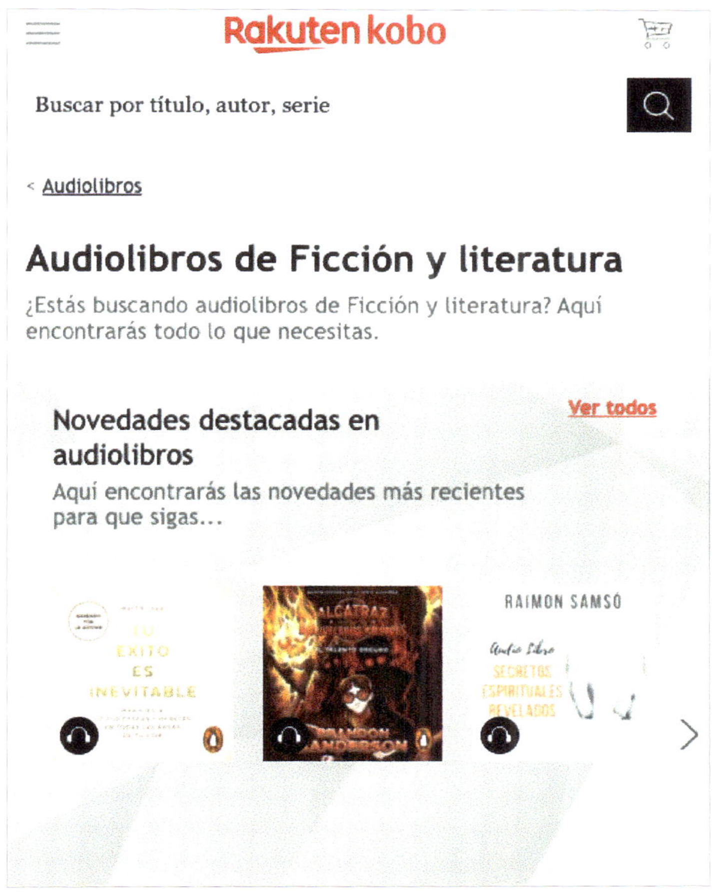

Menú aplicación Rakuten Kobo desde el escritorio del ordenador

63. Lector de libros electrónicos

Asimismo, recientemente han creado un portal gratuito llamado *Kobo Writing Life*[64], desde el que es posible autopulicar audiolibros y eBooks. Tras un breve registro y unos sencillos pasos es posible lanzar un audiolibro al mundo. La única desventaja es que la opción de publicar un audiolibro no está disponible en España, por el momento solo se pueden autopublicar ebooks.

Panel de control de la plataforma de autopublicación *Kobo Writing* Life
https://writinglife.kobo.com/dashboard#dashboard/fte

Google Play Books

Inicialmente, Google no diseño esta plataforma con la idea de que albergara audiolibros, sino con la intención de ser utilizada plenamente como un repositorio de libros digitales, es decir de eBooks. Sin embargo, ante el gran crecimiento del mercado de los audiolibros se lanzaron a la aventura económica. Una de las ventajas de esta app es que no requiere una suscripción mensual y, además, dentro de su catálogo también ofrece opciones de lectura diferentes como cómics y libros de texto especializados, que no es habitual ver en el res-

64. Plataforma para autopublicación de eBooks y audiolibros https://www. kobo.com/es/es/p/writinglife

to de plataformas. Google ya lleva un tiempo trabajando en la narración de libros para convertirlos en audiolibros y así aumentar su catálogo de forma significativa. Dentro de ese catálogo hay ejemplares que tienen coste y otros que son completamente gratuitos.

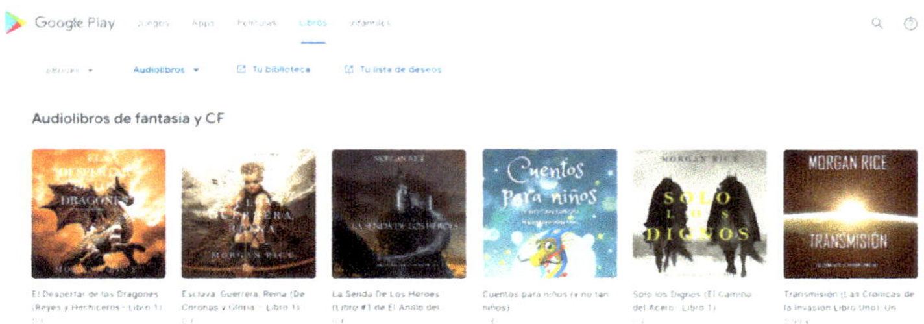

Menú de la plataforma Google Play Books desde el escritorio del ordenador https://play.google.com/store/books/category/audiobooks?gl=ES

Aunque se pueda pensar que Google lo tiene todo mucho más fácil por ser el buscador más utilizado, no es así. A pesar de su popularidad, por el momento, no es una de las plataformas más usadas para el consumo de audiolibros. Sin embargo, la empresa está invirtiendo mucho dinero en hacer crecer su propio catálogo de audiolibros. Actualmente, es posible subir archivos epub a la plataforma, pero no audiolibros.

Letrame Grupo Editorial

Es una empresa que se encarga de la narración y de la distribución de audiolibros. Dentro de sus tarifas ofrecen tres opciones:

- La primera de ellas es que el autor envía la obra escrita al completo y desde un estudio ellos mismos se encargan de narrarla y montarla. Así, un locutor profesional realiza la grabación y posteriormente se edita el audio.

76

- La segunda opción es que el autor envíe ya el texto locutado y editado, para que la empresa se encargue únicamente de la distribución del contenido.
- Y, por último, la más completa, pero la más cara: dos voces profesionales, una femenina y otra masculina, locutan la obra desde un estudio. Además, editan el sonido y ofrecen una distribución nacional, la acreditación de ventas y el ISBN.

Tarifas para publicar un audiolibro en Letrame Grupo Editorial https://letrame.com/publicar-un-audiolibro/

Asimismo, ponen a disposición de los creadores una plataforma (*letrameventas.com*[65]) desde la que pueden ir viendo todos sus ingresos por reproducciones y todos los detalles relacionados con las publicaciones que hayan hecho. Dentro de esta misma página web también ofrecen ayuda a los creadores facilitándoles toda la información necesaria para llevar a cabo todo el proceso.

65. Grupo de publicación, edición y narración de audiolibros https://letrame.com/publicar-un-audiolibro/

Storytel

Esta plataforma es de origen sueco y desde que aterrizó en España no ha dejado de sumar suscriptores. Tiene un catálogo muy completo, tanto de audiolibros como de eBooks. Incluso tiene espacio para podcast y audioseries. Esto recuerda a las radionovelas, ¿verdad? Además, es fácil de utilizar, ya que tiene un menú de navegación muy sencillo. El único inconveniente que supone es que es de pago. Aún así, pone a disposición de los oyentes varios planes de suscripción. Sin embargo, por el momento, no tiene un espacio dedicado a los creadores.

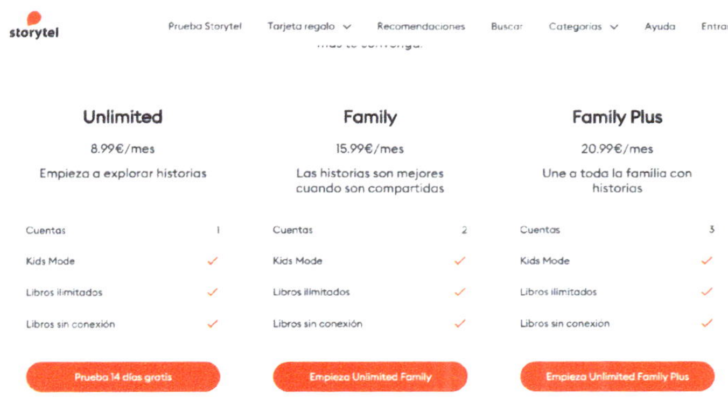

Planes de suscripción de Storytel en junio de 2022

iVoox

Otra de las plataformas en las que conviven podcast y audiolibros es **iVoox**, de la que ya hemos hablado anteriormente. En esta plataforma se les da mucho más protagonismo a los creadores, ya que los audiolibros y los relatos los pueden subir los propios usuarios. Sin embargo, esto tiene una desventaja y es que la calidad del audio puede verse afectada y cambiar mucho entre unos y otros. Sin embargo, actualmente, es una de las plataformas con más catálogo.

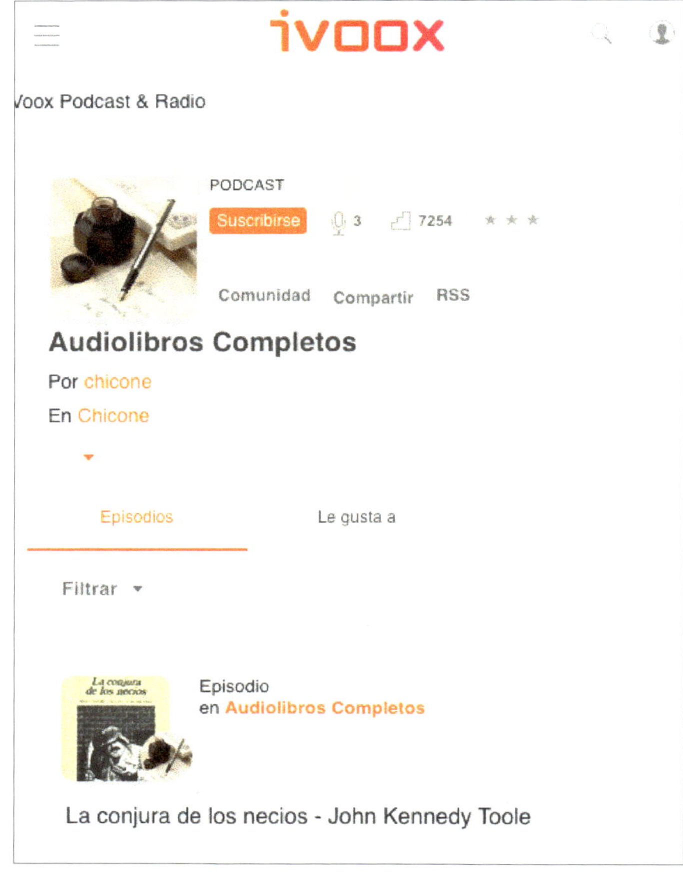

Menú aplicación iVoox
desde el escritorio del ordenador

La plataforma ofrece la posibilidad de resolver todas las dudas que tengan los creadores desde la página web *ivoox.zen-
desk.com*[66].

66. Centro de ayuda de iVoox https://ivoox.zendesk.com/hc/es-es

Apple Books

Su funcionamiento y su dinámica es muy similar a la de **Google Play Books**. Igual que ocurre en la plataforma de Google, no es necesario suscribirse, aunque sí es necesario pagar por el contenido que se quiera consumir. Una vez hecho el pago, se puede acceder a él desde cualquier dispositivo de **Apple**. Una de las novedades que aporte **Apple Books** es que los oyentes pueden añadir objetivos de lectura e ir viendo si los van alcanzando. Es una técnica muy interesante para animar a los audiolectores a que sigan consumiendo el contenido que les ofrece la propia plataforma. Es una forma de crear fidelidad.

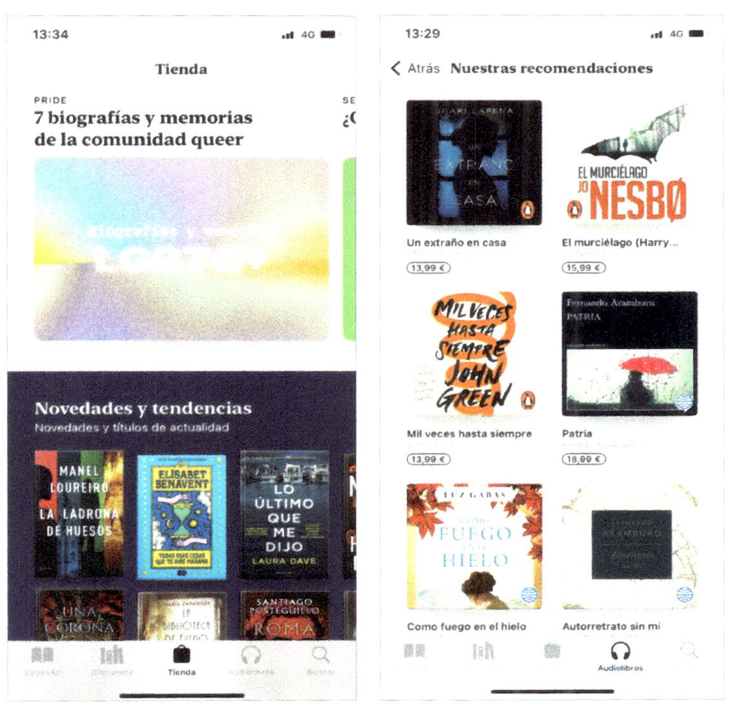

Menú de navegación de la aplicación Apple Books

Planeta audio

Bajo el lema «Escuchar audiolibros es vivir a tu propio ritmo», nace la plataforma del Grupo Planeta, una de las grandes editoriales del mercado español. Ante el auge del audiolibro, la editorial no dudó en unirse al mercado. La plataforma incluye un catálogo muy extenso con autores tanto de ficción como de no ficción y aseguran hacer especial hincapié en aquellos títulos que se hayan convertido en un fenómeno editorial.

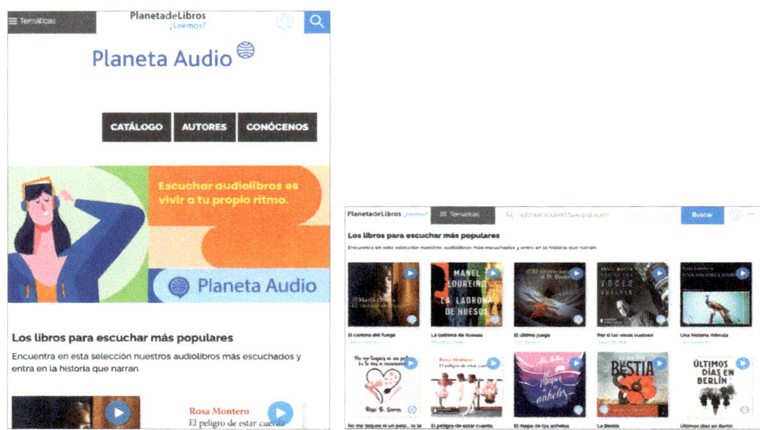

Menú aplicación *Planeta de libros* desde el escritorio del ordenador
https://www.planetadelibros.com/libros-audiolibros?gclid=Cj0
KCQjwzLCVBhD3ARIsAPKYTcRXD1nCGMYtLMTbWCthm3Mzgy__
mXMavdl4w9-KLweFTrcOdnfMFR8aApSWEALw_wcB

Una de las cosas que más llama la atención de esta plataforma es que los usuarios también pueden autopublicarse. Este proceso se hace desde otra página web especializada que recibe el nombre de *Universo de letras*[67].

---

67. Página web de autopublicación del Grupo Planeta https://www.universodeletras.com/servicios/

LibriVox

Si hablas o quieres practicar inglés esta plataforma es la ideal para ti. Es de dominio público, en línea y gratuita. Al entrar debes seleccionar si eres oyente o voluntario para leer. Es decir, dentro de la propia web puedes entrar, simplemente, para escuchar un audiolibro de todos los que tienen en su extenso catálogo, siempre en inglés, o, bien, ser uno de los voluntarios en leer obras ya escritas para ayudar al aumento del catálogo. Los propios usuarios son los que graban las lecturas y las suben a la plataforma. Gracias a esta acción el catálogo es muy amplio y, por supuesto, totalmente gratuito.

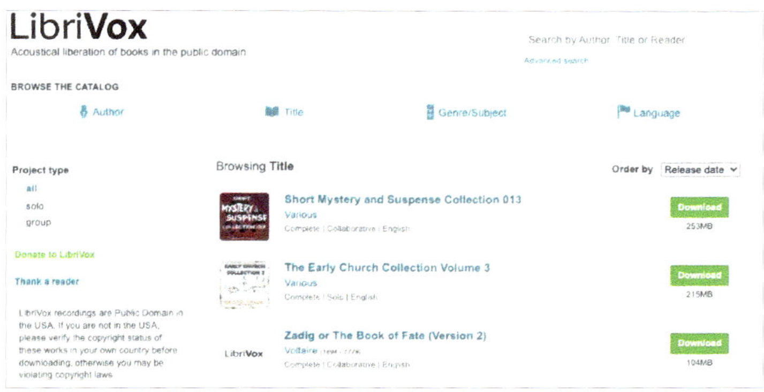

Menú aplicación *LibriVox* desde el escritorio del ordenador

Estas son algunas de las plataformas que ponen a disposición de los oyentes un gran catálogo de audiolibros y a los creadores un espacio donde dar voz a sus creaciones o a las de otros. Es cierto que desde países que no sean Estados Unidos, Reino Unido o Canadá no hay tantas opciones de auto publicación directa, pero, como hemos visto, siempre habrá alguna opción para dar difusión al contenido y al trabajo como actor de doblaje. Además, el mundo del audiolibro está avanzando mucho y cada día salen nuevas plataformas y herramientas, por lo que quizá hoy no encuentres tu espacio perfecto, pero mañana sí puede que lo hagas.

5

¿CÓMO PLANIFICAR LA PRODUCCIÓN DE UN PODCAST?

Hacer un podcast no es una tarea sencilla. Mucha gente piensa que es ponerse delante de un micrófono y hablar, pero nada más lejos de la realidad. Como todo trabajo lleva una preparación previa y posterior que siempre va a depender de los objetivos y del formato que el creador quiera lanzar. Cuánto tiempo requiere un podcast no es un dato matemático que se pueda establecer, ya que dependerá de muchos factores, entre ellos:

- La periodicidad que se elija es fundamental para tener una producción u otra. No es lo mismo lanzar un podcast semanal que uno mensual, ya que el tiempo de dedicación será muy distinto.
- También hay que tener en cuenta la duración de los episodios. Aunque esto no siempre determina la producción y la postproducción necesarias, es importante marcar los tiempos antes de empezar a preparar el programa.
- Con cuántos invitados va a contar el podcast en cada uno de los episodios y si los invitados van a estar presencialmente o no.
- Asimismo, hay que establecer si se quieren hacer entrevistas telefónicas o incluir sonidos editados, por ejemplo. Ambas acciones van a precisar de un esfuerzo tanto en producción como en postproducción.

En definitiva, el tiempo que lleva hacer un podcast va a depender en gran medida de lo que cada uno se quiera complicar la vida como creador. Pero, como todo, el podcasting es la suma de acciones y procesos que se van mejorando y optimizando con la práctica. Lo que las primeras veces cuesta mucho, con el tiempo parecerá una rutina sencilla y casi automática. Con esto sobre la mesa, se podría decir que la creación de un podcast consta de cuatro partes: la preproducción, la creación de escaletas y guiones, la producción y la postproducción.

Preproducción

En este punto se realiza el *brainstorming*, es decir la lluvia de ideas. Teniendo claro sobre qué se quiere hablar, a quién te vas a dirigir y qué medios tienes disponibles, todas las ideas sobre el tema elegido son bienvenidas. Con muchas ideas sobre la mesa y después de pasar varios días o, incluso, semanas pensando en ello, es el momento de ordenarlo todo para conseguir un resultado único y realizable. Será así cuando te des cuenta de qué falta y de qué sobra dentro de toda esa lista infinita que llevas un tiempo preparando. Al comienzo del lanzamiento de un podcast, será sencillo pensar en temas a los que dedicar un episodio, pero según avanza el tiempo, esta tarea cada vez va siendo más complicada, los temas se van agotando. Por ello, es muy importante contar con una comunidad que te invite a hablar de ciertos temas y que proponga puntos de vista que tú quizá ni te habías planteado. Y, por supuesto, nunca tirar a la basura ninguno de los temas en los que has pensado durante la preparación del resto de episodios.

Según vaya creciendo el podcast, a veces, te verás estancado con alguno de los temas. No todo el mundo sabe sobre todas las materias. Por este motivo, es muy nutritivo realizar una tarea de búsqueda de expertos que sepan y que quieran hablar sobre el tema concreto que vas a tratar en el podcast. La creación y el tratamiento de ciertas cuestiones te mostrará qué es lo que le interesa a tu audiencia, qué es en lo que quieren que profundices y qué asuntos son los que prefieren que no sigas indagando porque es de escaso interés. Tanto tener a expertos sobre los temas que trates, como saber qué temas tratar para que tu audiencia siga acompañándote va a ser lo que marque la diferencia entre tu podcast y los demás.

Así, la preproducción podría definirse como «todo lo que va antes de sentarse a hablar delante del micrófono». Es decir, en este punto previo es el momento de tomar conciencia del proyecto y planificarlo para que sea un éxito. Dentro de este proceso nos podemos encontrar con ciertos puntos que resultan clave para un buen resultado final:

- Como se ha mencionado, el *brainstorming* inicial es fundamental para poder decidir sobre qué temas se va a hablar en cada capítulo.
- Hay que contactar con los invitados y los expertos en el asunto que se vaya a tratar. Y, asimismo, determinar cómo serán sus intervenciones, si presenciales, telefónicas o con grabaciones previas ya editadas.
- Es imprescindible tener una escritura de la escaleta y el guion, lo veremos en el siguiente punto. Si en el podcast solo vas a estar tú, puedes tener un boceto de cada, pero cuanto más detallado y controlado lo tengas todo mucho mejor, porque el trabajo ya estará hecho de una sola vez y no tendrás que estar haciéndote preguntas como: ¿esto dónde iba? ¿Cuándo iba a mencionar este tema?
- Es esencial que antes de ponerte a grabar tu episodio sepas qué música y qué efectos sonoros vas a incluir.

Cuanto más tengas preparado en la preproducción mucho mejor, ya que todo lo demás irá rodado o, al menos, estará bajo control. Manejar los tiempos y las intervenciones de los invitados, por ejemplo, te va a facilitar mucho el trabajo, ya que la improvisación y el podcasting no tienen muy buena relación, sobre todo durante el comienzo. Una vez que se tenga bien claro cómo va a ser el episodio hay que pasar al siguiente paso.

Escaletas y guiones

La preproducción es muy importante para organizar todo el contenido de un vistazo. Es la fase en la que se divide el podcast en bloques, en la que se decide de qué hablar y en la que se eligen los invitados, entre muchas otras cosas. Una vez que el esquema esté más o menos hecho hay que pasarlo al papel en formato de escaleta y guion. ¿Qué es una escaleta? Es básicamente un esquema o boceto por puntos y con algo de detalle del programa en este caso. Es un término muy empleado en cine y en televisión que va a ser muy útil para la creación de podcast, ¿por qué? Porque es la mejor manera de tenerlo todo escrito y bajo control. Las escaletas son el paso previo al guion. En la escaleta se define por puntos sencillos, con dos frases, más o menos, que se va a incluir dentro de cada bloque o sección. Y en el guion se desarrolla en profundidad todo el contenido.

Por ejemplo, en la escaleta se puede especificar que va a haber una breve presentación, una introducción, un desarrollo del tema en dos partes, una entrevista telefónica y una despedida. Dentro de la escaleta, en cada uno de esos «bloques», se puede indicar simplemente lo siguiente:

- Presentación: hacer el clásico saluda a la audiencia e incluir un chiste relacionado con el tema a tratar.
- Introducción: presentar el tema y al invitado especial del día.
- Desarrollo del tema en dos partes: primera parte basada en datos científicos y segunda parte basada en anécdotas.

- Entrevista telefónica: llamada con el experto en el tema por teléfono.
- Despedida: hacer la clásica despedida con un chiste final que lleve una conclusión sobre el tema.

Esto podría ser un ejemplo de escaleta, que básicamente sirve para poder hacerse una idea de cómo se va a desarrollar el programa de ese día. La escaleta puede seguir un modelo similar en cada uno de los episodios, ya que cuando más fácil le pongas a la audiencia cómo funciona el podcast mucho mejor, así nadie se va a perder y va a saber en qué punto del programa está. Una vez hecho el esquema hay que pasar al guion. En él se tienen que extender todos los puntos con frases, comas y puntos incluidos. Todo el mundo sigue un guion y los que no lo hacen es porque tienen un don para la improvisación. En el guion se exponen prácticamente todas las frases con pausas incluidas que van a formar el programa completo.

Asimismo, es fundamental que si va a haber invitados también tengan una copia previa del guion del programa para que no haya espacio a la equivocación y a la pérdida en mitad del episodio. Uno de los gurús del podcasting, Emilio Cano[68], afirma lo siguiente sobre el guion de un podcast: «Escribe un guion y léelo, pero sin que parezca que lo leas. Con esto te estoy abriendo las puertas a convertirte en un auténtico comunicador.» Con esto queda claro que el guion es imprescindible si se busca obtener un buen resultado final.

Producción

Este sería el momento de grabar. Es decir, es todo lo que ocurra desde que le damos al *play* hasta que finalizamos la grabación. La producción no está concebida como la parte más complicada, pero sí como la más importante dentro de la grabación de un podcast, ya

---

68. Página web y podcast de Emilio Cano https://emilcar.fm/

que es en la que se va a recabar todo el contenido para crear el podcast, ya sea en directo o posteriormente editado. La producción es la esencia de un episodio y por eso hay que tener más cosas en cuenta que en el resto de puntos del proceso:

- Si has decidido contar con invitados presenciales o de manera telefónica, antes de ponerte a grabar, charla un poco con ellos. Principalmente, esto se hace para romper el hielo, ir ganando confianza y calentar la voz.
- No olvides el guion, como hemos visto es la base para seguir un orden y tenerlo todo más o menos controlado. Y si has preparado un guion para el entrevistado o invitado llévalo también. Tendrás que habérselo hecho llegar antes de la grabación, pero cuenta con que se le ha podido olvidar llevarlo impreso. Todo lo que puedas prevenir, mejor.
- No dejes espacio a la improvisación, sobre todo, si acabas de empezar en el mundo del podcasting. Ten preparado y ensayado todo lo posible.
- Durante la grabación evita las introducciones y las presentaciones extendidas. Este es uno de los errores más comunes dentro del podcasting, los locutores se ponen a hablar de sus cosas sin ser algo de valor para el que está al otro lado. Escuchar un podcast es una elección del oyente, por lo que este espera encontrar lo que busca dentro del podcast, dáselo.
- No hace falta que justifiques el tema del que vas a hablar, a no ser que sea un tema que te hayan pedido los oyentes o del que tengas que comentar algo en particular. Los oyentes ya saben de qué va tu podcast, ofréceles profundidad sobre el tema sin perderte en explicaciones innecesarias.
- Mientras grabas olvídate (y no) de los micrófonos. Parece una contradicción, pero no lo es. Relájate, pero no olvides que tienes un micrófono delante y que todo el ruido que hagas como, por

ejemplo, respirar o toser, se van a intensificar. Ten cuidado con esto, pero sé natural para que todo lo que cuentes suene mucho más orgánico.

Si tu programa es en directo toda la labor de producción habrá terminado aquí, ahora solo quedaría promocionarlo por redes sociales, por ejemplo, para que más usuarios puedan escucharlo, en caso de no haber podido asistir al directo. Sin embargo, si tu podcast no es en directo y vas a editarlo posteriormente, tienes que pasar al siguiente paso.

Postproducción

Esta palabra suena a efectos especiales, pero no solo es eso. Piensa que en cuanto quieras añadir un simple efecto de sonido o cortar alguna parte que no te haya convencido ya estás haciendo postproducción. Si la idea de tu podcast es hacer una entrevista o un programa en directo, no tendrás que preocuparte por la postproducción, pero si quieres editar algo, por mínimo que sea, toca ponerse manos a la obra. Todo lo que tengas que trabajar extra en este punto final va a depender siempre de cómo hayas planificado el episodio en la preproducción y de cómo lo hayas grabado en la producción. Si ha habido una buena planificación y una buena producción, la postproducción será mucho más sencilla y menos trabajosa.

Lo más importante para no tener que hacer un trabajo extra en la parte final de la edición es saber a dónde quieres llegar con la grabación. Tener claro cuál es el objetivo del episodio es esencial para no tener que hacer y rehacer sin sentido. Si consideras que tienes todo el trabajo hecho gracias a tu preproducción y a tu excelente producción puedes pasar al siguiente capítulo, sin embargo, si crees que a tu podcast le falta un toque final para quedar perfecto, sigue leyendo porque todo lo que viene a continuación te interesa.

Hay dos frases en el mundo del cine que nos van a ayudar a entender la importancia de la postproducción: la primera dice que el montaje es el 50% de una película y la segunda asegura que «de un buen rodaje con un mal montador saldrá una mala película, en cambio, un buen montador es capaz de hacerte una gran película de un rodaje pésimo.» Quizá ambas afirmaciones son exageradas, pero está bien tomarlas como referencia si lo que queremos hacer es editar el podcast y dejarlo impecable.

Si ya has decidido que vas a editar tu episodio, te preguntarás cómo se hace «eso» de la postproducción. Hay que empezar por el principio: conocer los *softwares* de edición. Estos *softwares* son básicamente programas informáticos que permiten editar la grabación. Con ellos se puede importar nuevas pistas de audio, eliminar ruidos, reducir las pausas incómodas o añadir música y efectos sonoros. Además, estos programas permiten exportar el podcast completo como un audio de MP3, que se podrá subir a las diferentes plataformas de podcasting. Con todo esto es mucho más sencillo darle una personalidad única al podcast. Es así como entramos de lleno en los elementos técnicos de grabación y edición de audio.

6

ELEMENTOS TÉCNICOS PARTE I

Llegamos a uno de los capítulos más importantes del libro, ¿qué elementos técnicos necesitamos para poder grabar adecuadamente un podcast o un audiolibro? En cualquiera de los dos casos, es esencial contar con un equipo que se adapte a las necesidades y a las posibilidades económicas de las que disponga el creador. No es necesario invertir mucho dinero para tener un buen resultado, con un equipo de gama media se puede conseguir una alta calidad. Lo ideal sería poder contar con un estudio de grabación profesional, con un micrófono de última generación y con una postproducción hecha por los profesionales que trabajan con Steven Spielberg, pero como no siempre es posible vamos a descubrir qué elementos técnicos son necesarios para obtener una calidad muy aceptable y poder empezar a dar guerra «audiofónica».

Softwares de grabación y edición de audio

Empezar bien desde el principio significa grabar tu podcast desde un *software* que después te vaya a facilitar toda la tarea de edición y montaje. En muchas ocasiones, sobre todo, cuando se está comenzando, es habitual grabarlo desde la propia grabadora del móvil, por ejemplo. En cuanto a grabación esta es una de las prácticas más cómodas, pero no te va a resultar del todo útil si quieres hacer una postproducción compleja. Así, lo más práctico es utilizar un programa en el que esté todo integrado: la grabación y la edición. Es decir, tenerlo todo disponible en un solo programa. Es un proceso similar al de tener una preproducción bien planificada: todo suma en un proceso que, quizá, al principio va a parecer muy tedioso.

Lo primero es elegir qué *software* utilizar para grabar el audio. Existen muchas opciones, algunas de pago y otras gratuitas, con las que vas a poder grabar tus episodios, grabar las conversaciones telefónicas y editar el audio posteriormente. A continuación, vamos a descubrir algunas de las más utilizadas.

Adobe audition

Es compatible con macOS y con Windows y lleva años establecido en el mercado como uno de los mejores *software* de edición de audio. Pone a disposición del usuario una gama muy amplia de herramientas tanto de grabación como de edición. Los profesionales suelen elegirlo por ser el producto que más opciones ofrece en ambos procesos. Sin embargo, si estás empezando y no necesitas contar con una postproducción muy amplia, quizá esta herramienta se va a quedar grande. Ofrece muchas más opciones de edición de las que un podcaster principiante va a llegar a utilizar.

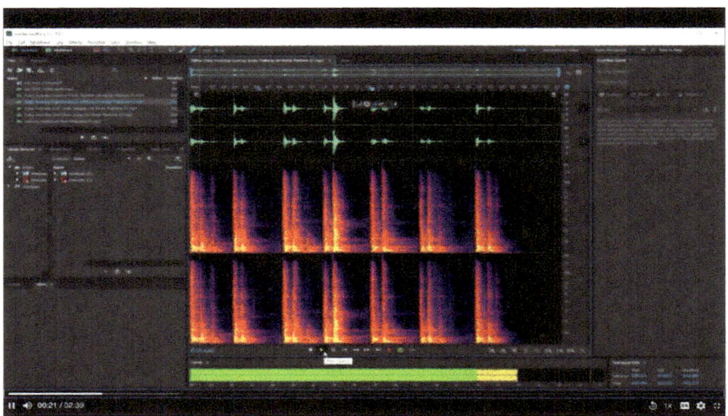

Imagen de la interfaz de Adobe audition extraída de una guía explicativa del programa https://helpx.adobe.com/es/audition/how-to/what-is-audition-cc.html

En cualquier caso, cuenta con una calidad de grabación excelente en más de 32 pistas y si eres de los que utilizan Adobe para todo, por ejemplo, podrás escuchar en **Audition** todos tus proyectos de **Adobe Premiere**[69]. La interfaz es muy parecida a la de este programa, pero está únicamente centrado en pistas de audio. Es de pago, pero existe una prueba gratuita, que puede resultar muy útil para familiarizarse con el programa antes de dar el paso de invertir dinero en él.

GarageBand

Este programa es uno de los preferidos de los podcasters, ya que es gratuito y tiene muchas herramientas que resultan bastante prácticas. El único inconveniente es que no está disponible para PC, ni para Android, es un producto exclusivo para dispositivos de **Apple**.

Interfaz software Garage Band

69. Programa de Adobe para edición de vídeo:

Una de sus ventajas es que permite tomar múltiples grabaciones de forma simultánea. Además, una vez que tengas grabados y editados los audios puedes compartirlos directamente en **SoundCloud**. Es cierto que el programa exige ciertos conocimientos sobre grabación y edición de audio, pero sus herramientas y usabilidad hacen que mezclar y grabar audios parezca una tarea más sencilla de lo que realmente es.

Hindenburg Journalist

Este *software* a diferencia de **Garage Band** sí es compatible con Windows y con macOS y, aunque sus planes son algo elevados de precio, existe una prueba gratuita. Aun así, es uno de los programas más utilizados en el mundo del podcasting. Principalmente, es conocido por ser el programa de referencia para grabar conversaciones o entrevistas. Aunque también permite grabar material en solitario y editar todos los archivos de audio importados. Además, no importa la velocidad de sus *bits*[70] o la frecuencia de muestreo[71], pues una de sus ventajas es que admite todo tipo de archivos de audio, por lo que no importa si todos los audios que vas a utilizar no provienen directamente de este *software* de grabación. Otro de los pros es que permite una configuración de grabación muy sencilla, que, al mismo tiempo, es un contra, ya que los profesionales acusan que las herramientas son muy básicas.

70. Determina el tamaño y la calidad de los archivos de video y audio: cuanto mayor sea la tasa de bits, mejor será la calidad y mayor será el tamaño del archivo. Fuente: Wondershare Filmora.
71. Esto nos indica la cantidad de muestras de audio que se toman por segundo. Cuantas más muestras de audio, más fiel a la realidad. Fuente: blog de Hoy grabo.

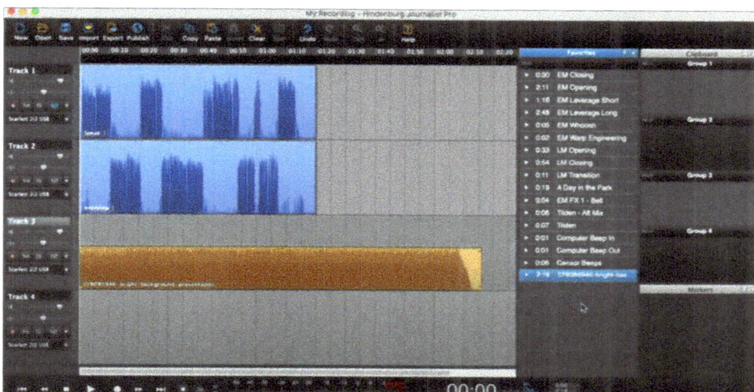

Imagen de la interfaz de Hindenburg Journalist extraída
de una guía explicativa del programa https://www.youtube.com/
watch?v=tAZnTwHBHxA&ab_channel=FocusriteTV

Audacity

Este *software* también es compatible con macOS, Linux y Windows y, además, es gratuito, por lo que ha resultado ser uno de los programas que más se ha estado usando en las últimas décadas. Su interfaz parece estar desactualizada, pero tanto la función de grabación, como la de edición cumplen a la perfección.

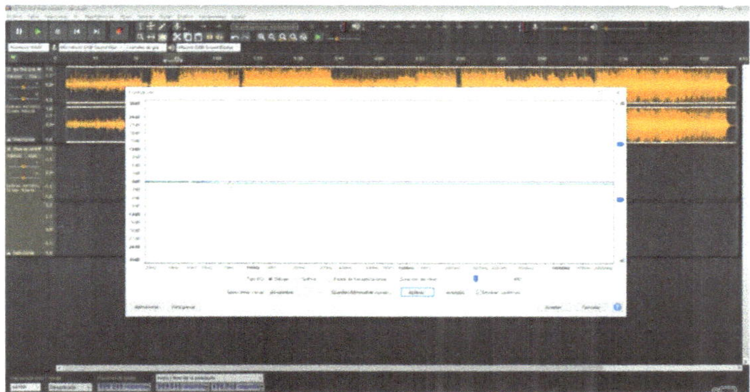

Imagen de la interfaz de Audacity extraída de una guía
explicativa del programa https://www.youtube.com/
watch?v=zRMNUMWguTw&ab_channel=Creatubers

Se puede utilizar para grabar audio en directo o, bien, para digitalizar archivos de audio de otros medios. Además, al grabar desde el propio *software* se puede seleccionar la tasa de *bits* en las que se desea grabar, ya sea 16 bits, 24 o 32. Asimismo, también es posible hacer una edición completa y sencilla para cortar o eliminar partes de la grabación que no se quieran incorporar al resultado final. Además, tiene otras muchas ventajas, entre ellas: graba en alta calidad, tiene una biblioteca muy amplia de efectos de sonido y, prácticamente, admite todos los formatos de archivos de audio. El único inconveniente de este *software* es que no permite subir los podcast directamente a ninguna plataforma de alojamiento de podcast.

Logic Pro X

Aunque, principalmente, es un programa de grabación musical puede resultar muy útil para grabar podcast por sus múltiples herramientas de grabación y de edición. El principal inconveniente es que solo es compatible con macOS, pero si utilizas un dispositivo **Apple** este puede convertirse muy rápido en tu *software* favorito. Está destinado a profesionales del sector y ofrece herramientas de alta calidad. Las herramientas quizá son demasiado poderosas para podcasters que están iniciándose o que no precisan de una grabación y una edición muy complejas. De este modo, esta es una de sus principales ventajas y desventajas, ya que puede resultar muy complejo para los recién llegado al mundo de la grabación de audio. De esta manera, requiere conocimientos técnicos muy exigentes para poder exprimir todas sus utilidades al máximo.

Imagen de la interfaz de Logic Pro X
extraída de una guía explicativa
del programa de Abel Mendoza en Youtube.

Elijas el *software* que elijas ten en cuenta siempre tus conocimientos técnicos y, sobre todo, las necesidades que vas a requerir para tu podcast, tanto en grabación, como en edición posterior. Todas las opciones son buenas, pero cada una de ellas implica más o menos dedicación de tiempo y de presupuesto. Una vez que tienes el audio grabado y editado la siguiente pregunta es: ¿en qué formato lo exporto y lo subo a las plataformas? Lo ideal sería poder hacerlo en wav[72] que es el formato con mayor calidad de audio, pero el problema es que pesa mucho y las plataformas no quieren que los creadores suban contenido tan pesado, porque cuanto más peso más almacenamiento se necesita. Así, el formato estándar y favorito es MP3, que tiene una calidad similar y un peso mucho menor. Si el programa de grabación y edición que utilizas no exporta en MP3 vas a precisar de algún programa de conversión a MP3. Uno de los más comunes y sencillos de utilizar es *Online Audio Conver-*

---

72. Waveform Audio Format es un formato de audio creado por IBM y Microsoft que tiene mucha calidad, pero un mayor tamaño en comparación con otros formatos como MP3.

ter[73]. Además de convertir del formato wav a MP3, también admite otros formatos como m4a[74] o flac[75]. Por eso, gracias a este tipo de programas de conversión, puedes grabar casi en cualquier formato.

Después de haber convertido el audio, una vez ya completamente editado, hay una tarea que se suele olvidar que es «normalizar» el audio. Esta función consiste en que todos los sonidos, ya sean canciones o voces, se igualen al mismo nivel de audio. Muchos programas de edición tienen esto incorporado en herramientas, pero, si la entrada de audio no es de nivel profesional no siempre se nota la diferencia entre aplicar la «normalización» de audio y no aplicarla. Así, hay programas específicos para esto. Uno de ellos es *Auphonic*[76] que ofrece un total de dos horas al mes gratuitas y que funciona muy bien. Aunque si trabajas desde un ordenador es interesante tener presentes dos programas que ofrecen muy buenos resultados. Estos dos programas son uno para cada uno de los sistemas operativos más utilizados en el mercado actualmente: Microsoft Windows y macOS de **Apple**. Para equipos de Windows está el programa *MP3 Gain* y para ordenadores Mac está el programa *MP3 Normalizer for Mac*. Una vez hecho esto, ya puedes subir el audio a tu plataforma preferida. Probablemente, en este punto de la lectura ya serás un experto en podcasting y audiolibros, pero llega el momento de la verdad: elegir el equipo completo para la grabación.

---

73. Conversor de audio online https://online-audio-converter.com/es/
74. Es una extensión usada para representar un archivo de audio comprimido en un contenedor MPEG-4 Audio Layer. Fue desarrollado por Apple y se utilizan para almacenar el contenido de libros de audio y música digital. Fuente: https://movilforum.com/archivo-me4a/?utm_source=dlvr.it&utm_medium=-facebook#Que_es_un_archivo_M4A
75. Es un formato de archivo de audio comprimido con un formato de codificación específico. El formato de compresión sin pérdida de código abierto se puede utilizar para reducir el tamaño de los archivos de audio sin comprometer la calidad. Fuente: https://cedominombre.com/que-son-los-archivos-flac/
76. Posproducción automática de audio online para podcast y otros formatos de audio como programas de radio o películas https://auphonic.com/

Micrófono y auriculares

Ya en el capítulo 4 hicimos un acercamiento a los tipos de micrófonos y auriculares más indicados para esta tarea, pero, sobre todo, nos centramos en especificaciones técnicas sencillas y breves, que daban una idea de lo que se está hablado. Ahora es el momento de descubrir qué micrófonos y qué auriculares utilizar tanto para grabar un podcast, como para grabar un audiolibro. Aunque parezca que son labores completamente diferentes, ambas son lo mismo: un creador frente a un micrófono con unos auriculares puestos que le ayudan a escuchar evitando los ruidos externos.

Lo primero que tienes que saber es que hay dos formas de conectar un micrófono a un ordenador: USB y XLR. La principal diferencia entre ambos conectores es que la entrada XLR permite conectar más de un micro al mismo tiempo. Además, la calidad de este es bastante mejor. Si solo necesitas una entrada y no quieres complicarte mucho la vida, la conexión USB es la ideal. Además, la oferta de este tipo de micros ha aumentado exponencialmente en los últimos años, dado el auge de los podcast y de los audiolibros.

Tipos de micrófonos

Por suerte para los amantes del audio, hay micrófonos de muchos tipos: dinámicos, de condensador, de cinta, electret, micrófonos de cristal... Sin embargo, a la hora de grabar un podcast o un audiolibro, los más utilizados son los dinámicos y los de condensador.

- Los micrófonos dinámicos son los que se emplean en estudios de grabación, en conciertos o en la radio. Son el tipo de micros más resistentes y soportan altos volúmenes. La principal ventaja de estos micrófonos es que no son tan sensibles al sonido como los de condensador y, por lo tanto, no recogen todos los sonidos que haya en la sala en la que estás grabando. De esa manera, es mucho más sencillo grabar si te encuentras en un espacio que no sea un estudio. Es decir, con un micrófono dinámico puedes eliminar gran parte del ruido externo, como un portazo, el sonido del telefonillo o el llanto de un bebé.

- Los micrófonos de condensador son los más comunes para grabar locuciones, ya que captan todos los detalles de la voz. El único inconveniente es que, al contrario que los dinámicos, recogen los sonidos externos más allá de la voz, por lo que si no tienes la sala adaptada para evitar ruidos del exterior es muy fácil que este micrófono lo capte.

El patrón polar es otro de los puntos a tener en cuenta a la hora de elegir un micrófono. Este concepto hace referencia a la forma física en la que el micro recoge el sonido.

- El más común es el patrón polar cardiode, que recoge el sonido en forma de corazón, es decir, por delante del micro capta todo el sonido, pero por detrás apenas lo hace.
- Otro tipo de patrón es el supercardiode, que también capta el sonido en forma de corazón, pero focaliza más la captación del sonido en su parte central delantera. Sobre todo, se utiliza en cine.
- El siguiente patrón es el omnidireccional que recoge el sonido por delante, por detrás y por los laterales de igual manera. Un ejemplo de ello son los micrófonos de corbata, que se suelen colocar a los entrevistados para que tengan mayor libertad de movimiento y se sientan cómodos.
- Y, por último, está el patrón polar bidireccional. Este recoge el sonido por delante y por detrás. Es ideal para grabar con un solo micrófono a dos personas.

Teniendo estos conocimientos técnicos sobre micrófonos es el momento de hacerse preguntas para saber qué necesidades tiene la grabación que vas a hacer. Si estás empezando y no quieres tener demasiadas complicaciones la mejor opción es un micrófono con conector USB. Estos micros empobrecen levemente la calidad del audio, por lo que se recomienda que vayan siempre acompañados de un interfaz de audio dedicado. Pero, un momento, ¿qué es un interfaz de audio? Es un dispositivo *hardware*[77], que se conecta al ordenador, y que convierte la señal eléctrica en digital. Es decir, es el que gestiona las entradas, las salidas y el procesamiento del sonido. Este procesamiento es el que luego va a permitir que podamos trabajar la señal digital en el DAW. El DAW es una estación de trabajo de audio digital. Es decir, un tipo de *software*, especialmente, diseñado para la edición de audio, y que es comúnmente conocido como *software* para producción musical. Y estos tipos de *software* son los que hemos visto en el capítulo 5.

Todo este procedimiento te permitirá mejorar la calidad del micro o la de la interfaz que utilices. Asimismo, la interfaz de audio te ayudará a elevar la calidad del audio. Por otro lado, es fundamental que sepas en qué espacio vas a grabar. ¿La sala tiene eco? ¿Hay posibilidad de que haya ruido ambiente de fondo? Si es así, la alternativa más lógica será elegir un micrófono dinámico y cardiode. De esta manera, el micro no captará tantos ruidos externos y el resultado final será más limpio. Si, por el contrario, tienes una sala acústicamente adaptada, la mejor opción será un micrófono de condensador, ya que recoge mucho mejor todos los detalles de tu voz y esta sonará mucho más real.

Un micrófono para ti

Elegir el micrófono perfecto es una tarea muy complicada y, muchas veces, resulta casi imposible. Así que no te obsesiones por conseguir el micrófono ideal, céntrate en tener el micro que tu actividad ne-

---

77. Es la parte física de un ordenador, como por ejemplo el ratón

cesita. Ten en cuenta siempre las necesidades de tu grabación, qué aplicación le vas a dar al micro y, sobre todo, el sonido ambiente externo. Con todo esto sobre la mesa, a continuación, citamos algunas recomendaciones con nombre y apellido propios que pueden hacer la elección un poco más sencilla.

Micrófono de iPhone

Si no quieres invertir demasiado dinero en un micrófono, esta es una de las mejores opciones en cuanto a precio, comodidad y calidad. Esta alternativa tiene muchas ventajas a parte del precio. La primera es que puedes grabar tu audio desde el propio móvil o hacerlo desde el ordenador conectando los cascos a la entrada de audio del PC. Ambas opciones son ideales para un buen audio. Lo más importante es que hables cerca del micrófono integrado en los auriculares. Esto hará que tu voz suene mucho mejor y se sienta más presente dentro de la locución. Puedes grabar el sonido desde las propias notas de voz del móvil, para posteriormente editarlas desde un programa de edición, o bien descargar alguno de los programas que hemos mencionado para grabar y editar desde un mismo *software*. La pregunta es: ¿y no valen otros auriculares de otro móvil que no sea iPhone? La respuesta no es un no rotundo, pero la calidad que ofrece este dispositivo no la ofrecen otros, aunque sean parte de un teléfono móvil de gama alta.

Samson Meteor Mic

Samson Technologies se mantiene como uno de los líderes en el mercado de los micrófonos USB. Este modelo es perfecto para grabar audiolibros y/o podcast en el comienzo. Es de condensador y de patrón polar cardioide. Su mayor ventaja es la relación que tiene entre la calidad que proporciona y el precio final (unos 70€ aproximadamente). Además, es muy ligero y se puede transportar fácilmente en caso de ser necesario. Es ideal para aquellos que están empezando en su aventura dentro del universo del podcasting o de los audiolibros, ya que si se quiere conseguir un acabado profesional no es el micrófono más adecuado.

Marantz Professional Pod Pack 1

Este micrófono es uno de los más recomendados si estás empezando, quieres invertir poco dinero y, al mismo tiempo, quieres que la calidad de tu audio sea elevada. El precio está por debajo de los 50€ y con la compra del micro se adquieren también otros accesorios muy útiles para la correcta utilización del dispositivo como un soporte de brazo articulado. Es de condensador y de patrón polar cardioide, lo que se traduce en una grabación nítida y profesional. Es el micro perfecto si la intención es grabar audio y editarlo posteriormente. Sin embargo, no está recomendado para retransmisiones en directo.

Blue Snowball ICE

Por menos de 60€ puedes adquirir este modelo que tiene el tamaño de una bola de nieve, de ahí su nombre, lo que facilita muchísimo su transporte y el manejo. Es uno de los micros más accesibles de esta marca, conocida por su calidad, y tiene un único patrón polar unidireccional. Es decir, es la opción perfecta si el objetivo es grabar una sola voz de forma nítida y atenuar todo lo posible los ruidos externos de ambiente. Es una de las mejores alternativas para los principiantes en la grabación de audio, ya que es fácil de manejar, la calidad-precio es muy buena y los materiales con los que trabaja esta marca son de bastante calidad.

Blue Yeti

Este micrófono es un paso más allá y se considera una de las alternativas ideales para dar el salto a la grabación profesional. Con un precio que ronda los 120€, este modelo ofrece un patrón polar llamado multipatrón, es decir, cuenta con modo cardioide, bidireccional, omnidireccional y estéreo. Una de las diferencias principales respecto a los modelos anteriores es que incluye dos *software* de grabación y uno de masterización, lo que mejora la calidad del audio de manera significativa. Es de conexión USB, aunque si se prefiere una conexión XLR el siguiente modelo a este, el Blue Yeti Pro, tiene esa característica. Es un micro muy completo para aquellos podcasters o grabadores de audiolibros que pisan ya el terreno profesional.

La elección de los auriculares

Una vez ya grabados nuestros audios, bien sea un podcast o un audiolibro es importante poder escucharlos con nitidez. Muchos podcasters prefieren utilizar auriculares mientras graban y otros optan por esperar a que esté todo grabado para escucharlo del tirón. En cualquiera de los dos casos, los auriculares juegan un papel esencial. Su elección no es tan compleja como la de un micrófono, pero es importante contar con unos cascos que tengan una buena calidad auditiva y que, además, proporcionen cancelación de ruido. Solo de esta manera será posible escuchar las grabaciones limpias y sin ruidos externos. Hay ciertas características que hacen que unos auriculares sean de mayor o menor calidad, entre ellas están el diseño o la conectividad. En primer lugar, el diseño ha de ser cómodo y ligero, por el hecho de que vas a tener que llevarlos durante horas, así que cuanto más cómodos sean mucho mejor. Así, lo ideal es tener unos cascos circumaurales —los auriculares que cubren por completo la oreja— con almohadillas acolchadas y un revestimiento transpirable. En cuanto a la conectividad, has de elegir según tus necesidades. Si te mueves mucho mientras hablas, lo ideal será una opción inalámbrica, siempre teniendo en cuenta que los cascos por cable ofrecen un audio más sólido.

Más allá del diseño y de la conectividad de los auriculares, es imprescindible que cuenten con la capacidad de aislamiento sonoro. Unos buenos casos tienen que poder minimizar el ruido ambiente para que puedas centrarte únicamente en la grabación que estás llevando a cabo. Solo así podrás grabar tomas más largas de una vez, ya que no habrá sonidos y ruidos externos que te distraigan en tu tarea. A continuación, descubrimos algunos auriculares idóneos tanto para trabajar en un podcast o en un audiolibro.

MAONO AU-MH601

Este modelo es excelente para recién llegados al universo del audio, con un presupuesto ajustado y que estén interesados en la calidad del sonido. Sin duda, son uno de los mejores auriculares para utilizar a diario y transportar con facilidad, ya que son resistentes a golpes, ocupan poco espacio y se pueden plegar. Este modelo ha sido especialmente diseñado para podcasters y grabadores de audiolibros, ya que ofrecen una calidad excepcional teniendo en cuenta su precio. Además, cuenta con sonido Hi-Fi o de alta fidelidad, lo que se traduce en cancelación del ruido y la distorsión del sonido. Incluye dos adaptadores de tamaño estándar de 3,5 mm a 6,5 mm. Estos auriculares son cableados.

Roland RH-5

Este modelo es una muy buena opción en cuanto a calidad-precio, situándose por debajo de los 30€. En sus inicios fue diseñado para DJs, pero, actualmente, está muy popularizados entre podcasters y grabadores de locuciones dada su gran versatilidad. Son cableados, de gama intermedia y se pueden transportar fácilmente, ya que pesan muy poco. Sus orejeras cuentan con materiales suaves, por lo que resultan perfectos para utilizar durante muchas horas a lo largo de un mismo día.

iJoy

Si te gusta el diseño clásico con diadema, pero prefieres tener unos casos inalámbricos sin sacrificar la calidad esta es la mejor opción. Son unos auriculares muy ligeros y fáciles de transportar, ya que se pueden plegar y su peso no llega a los 300 gramos. Una de las grandes ventajas que ofrece este modelo de iJoy es que incluye una ranura para tarjeta MicroSD, en la que puedes almacenar diferentes audios. Además, se conectan a cualquier dispositivo por bluetooth. El único inconveniente es que necesitan batería, por lo que tendrás que estar pendiente de tenerlos cargados siempre que vayas a utilizarlos.

Sony MDR-7506

Hablar de Sony casi siempre es hablar de calidad. Así, se presenta este modelo que roza los 100€, pero que está muy recomendado por profesionales de la radio. Son cableados y cuentan con una excelente reducción de ruido ambiental. Son los mejores, teniendo en cuenta el precio, a la hora de detectar cualquier imperfección en las grabaciones. Además, ofrece un sonido de tu voz prácticamente idéntico al real. Una de las pocas desventajas de estos cascos es que no son tan cómodos como otros de presupuesto similar, ya que sus orejeras son muy grandes.

Sennheiser HD 599

Este es uno de los auriculares más venidos del mercado. Su calidad es superior a la de los demás que hemos comentado y su adaptabilidad a necesidades y tipos de cabeza y/o orejas es maravillosa. Se sitúa cerca de los 200€, pero la marca, a veces, ofrece ofertas que los rebajan hasta los 120€. Es de gama alta y cableado. Es una alternativa para los amantes del sonido puro y para los que tengan un presupuesto menos ajustado. Aportan confort gracias a sus almohadillas con una felpa de terciopelo y a su diadema acolchada, por lo que podrás llevarlos durante horas. Sus materiales son considerados componentes premium, ya que utiliza bobinas de voz de aluminio, lo que se traduce en una alta eficiencia y una distorsión del sonido muy baja.

Audio-Technica ATH-R70x

Por encima de los 300€ se encuentra este modelo, que está pensado para una actividad mucho más profesional. Si acabas de empezar puedes utilizar cualquiera de los modelos anteriores, pero si ya llevas un tiempo dedicándote al mundo del podcasting y quieres dar un salto hacia el ámbito profesional este modelo es el ideal. Gracias a su tecnología, proporcionan un sonido natural y muy preciso. Están recomendados para largas sesiones de trabajo, por lo que si piensas dedicar muchas horas a la grabación y a la edición de tus grabaciones son la mejor opción. Además, se caracterizan por su ligereza y su cancelación de ruido es abrumadora, para que puedas centrarte en tu trabajo sin tener ninguna distracción alrededor. Son cableados y son algo más pesados que todos los modelos anteriores, superando los 700 gramos, por lo que no resultan tan cómodos a la hora de transportarlos.

Con un buen micrófono frente a ti y con unos auriculares que deleiten tus oídos con tus grabaciones es el momento de pasar a las mesas de sonido.

Mesas de sonido

Para aquellos que nunca se han enfrentado a una mesa de sonido, las preguntas son infinitas, pero empecemos por la principal: ¿qué es y para qué sirve una mesa de sonido? Explicado de una forma sencilla, una mesa de sonido es un dispositivo electrónico que incluye en él todos los sonidos que se han grabado, ya sean voces o efectos especiales, para poder darles forma en conjunto o por separado. Es decir, desde la mesa se pueden cambiar todos los parámetros de cada elemento grabado, como el volumen, por ejemplo. Al principio, es común diferenciar entre una mesa de sonido y una interfaz de audio, pero hoy en día ya no son conceptos distintos. El interfaz de audio es un aparato que convierte el sonido analógico en sonido digital y, actualmente, todas las mesas de sonido tienen integrada una interfaz de audio. Sin embargo, no todas las mesas de sonido llevan la misma interfaz de audio, por lo que es interesante desgranar ambos conceptos por separado para poder entenderlos mejor.

Para elegir una interfaz de audio es imprescindible tener en cuenta algunas características que conseguirán que tengamos una buena interfaz:

- Número de entradas: las entradas hacen referencia a la cantidad de micrófonos o las fuentes de música, por ejemplo, que se pueden conectar al dispositivo. Cuantas más entradas incluya la interfaz, mayor posibilidad de jugar con los sonidos, ya sean voces o música. Sin embargo, a mayor número de entradas, mayor precio.
- Tipo de entradas: más allá del número de entradas, hay que tener en cuenta de qué tipo son estas. Las hay de micrófonos, de instrumentos y de líneas y cada una de ellas ofrece un nivel. Por lo que es muy importante utilizar cada entrada según la fuente de sonido que queramos recoger.
- Tipo de conexión: lo habitual es que las interfaces de sonido tengan una conexión XLR, una conexión *jack* o una *minijack*, aunque también hay la posibilidad de que incluyan una entrada combo, que permite la conexión de XLR y *jack* en el mismo lugar. Una entrada *minijack* es la clásica entrada para auriculares, mientras que la *jack* es parecida, pero más grande, 3,5mm frente a 6,3mm.

- Tipo de salida: esto hace referencia a qué tipo de cable entrega la señal final a tu ordenador. Generalmente, hay tres opciones: XLR, *jack* o USB. Para las dos primeras, necesitas que tu ordenador tenga una conexión analógica, por ese motivo ya es mucho más común tercera opción: la salida USB. Si la entrada de audio o la salida son de conexión USB, probablemente, te encuentres con la salida multipista. Esto es un sistema que envía cada señal de audio de manera independiente. Es decir, en el ordenador podrás ver un audio diferente por cada micro o por cada entrada de música, por ejemplo, lo cual facilita mucho el trabajo de edición de audio.

Como ya se ha mencionado, las mesas de sonido ya incluyen una interfaz de audio, pero no todas son de buena calidad, por lo que en muchas ocasiones se conecta una interfaz externa a la mesa de sonido. Es una acción común si se tiene muy claro que la calidad que ofrece no es la que se necesita para un buen resultado final. Más allá de las interfaces, ¿en qué tienes has de fijarte para saber si una mesa es de buena calidad o no?

- Número de canales: esto podría asemejarse a las entradas de audio de las interfaces, a cuantos más canales, mayor número de dispositivos podrás conectar a tu mesa. Además, esto aporta mayor versatilidad a la hora de grabar. Los canales habituales son mono o estéreo, aunque hay mesas que combinan ambos.
- Tipo de entrada y de salida: igual que sucede en las interfaces de audio, pueden ser XLR, *jack*, *minijack* o USB.
- Procesador multiefectos: algunas mesas incluyen esta opción, bastante útil, que sirve para incluir efectos en directo, sin tener que hacer una postproducción posterior.
- Subgrupos y auxiliares: estos son conexiones independientes para poder recibir fuentes de audio. Es decir, son formas de en-

viar cada una de las fuentes de audio a un lugar. A veces, es muy útil poder controlar de manera individual cada sonido que se capta para, así, bajar o subir el volumen independientemente del resto de entradas de audio que se tenga en ese momento.

En cuanto a las marcas o los modelos es necesario tener consciencia de lo que se necesita para llevar a cabo la grabación. Las marcas que mejor calidad-precio suelen ofrecer son, especialmente, dos: Behringer[78] y Yamaha[79]. Lo mejor de ambas marcas es que disponen de modelos de un precio muy elevado y otros mucho más asequibles para los que quieren calidad, pero no disponen de la inversión. Si acabas de empezar, una muy buena opción es algún modelo de gama media-baja de Behringer. Las mesas de sonido pueden oscilar entre los 60€ y los 5.000€, como todo lo que hemos visto hasta el momento, lo que te gastes va a depender siempre de tus necesidades como creador y de tus posibilidades económicas.

78. Empresa fundada en 1989 en Alemania que basa su filosofía en vender productos de mucha calidad a un precio accesible para que todo el mundo se lo pueda permitir https://www.behringer.com/
79. Esta empresa nace en 1955 en Japón con la idea de lanzar al mercado tecnología de última generación. Ahora mismo su principal función se centra en automóviles, sin olvidar la parte de tecnología musical, que también cuenta con gran éxito https://es.yamaha.com/index.html

7

ELEMENTOS TÉCNICOS PARTE II

La primera parte de elementos técnicos se ha centrado en los puntos más reconocibles de las grabaciones y las ediciones de audio: los *softwares*, los micrófonos, los auriculares y las mesas de sonido. Ahora toca dar un paso más allá y sumergirse en el alojamiento de las grabaciones. Como ya se ha comentado, el hosting o alojamiento va a ser el encargado de generar el *feed*. No te asustes, es mucho más sencillo de lo que puede llegar a parecer.

Hosting: alojamiento del podcast y del audiolibro

Ya en el capítulo 3 hicimos referencia al concepto de *hosting* y su función dentro del universo del podcasting y de los audiolibros. Pero como no es un concepto sencillo en un primer contacto vamos a dedicarnos a él más en detalle. Antes de nada, hay que entender el proceso que sigue una grabación:

En primer lugar, el archivo de audio al ser grabado se tiene que alojar en un servidor, o como se conoce mundialmente, en un *hosting*. Una vez que el audio tiene un alojamiento web, que será el encargado de llevar el contenido hasta los usuarios, un *feed* RSS realiza un listado de todos los capítulos que forman parte de un mismo podcast o audiolibro para su posterior distribución. Por último, el oyente selecciona un agregador o un distribuidor, es decir, una plataforma o una aplicación para consumir el audio que más le apetezca. Así, una vez que el oyente ha elegido un audio u otro, el *hosting* o el servidor tiene que estar preparado para atender esa petición de una forma rápida y automática.

Con esto, es fácil comprender que el *hosting* es uno de los elementos más importantes para que el contenido tenga cabida en internet, ya que es el encargado de enviar el contenido a los ordenadores, a los móviles o a las tablets de los oyentes en diferentes partes del mundo. Por supuesto, hay diferentes tipos de *hosting,* aunque los que más se utilizan y los que mejor pueden encajar con este tipo de tareas en la web son los siguientes:

- *Hosting* compartido: es un tipo de alojamiento en el que varios creadores comparten el mismo servidor. Es decir, comparten potencia del servidor, pero los archivos no se comparten, por lo que cada uno tiene su espacio. Este tipo de *hosting* es el ideal para principiantes.
- *Hosting* VPS: responde a las siglas Servidor Privado Virtual. El usuario tiene su propio espacio sin límite, aunque este ha de tener un conocimiento alto en gestión de sistemas para poder gestionar todo su contenido de manera casi independiente.
- *Hosting* Cloud: es similar al *hosting* compartido, pero este es completamente privado y en la nube. Para utilizar este *hosting* no es necesario tener conocimientos técnicos.

Para el mundo hispano, hay un *hosting* completamente gratuito que funciona como el agregador de referencia en español y del que ya hemos hablado: **iVoox**. Sin embargo, esta plataforma aloja podcast, pero no audiolibros. Así, en los siguientes párrafos nos vamos a centrar en el alojamiento en **iVoox** para podcasters. Es la mejor opción si acabas de comenzar, ya que la inversión es de 0€ y funciona fenomenal. Si quieres dar un paso más avanzado, lo ideal es que contrates la cuenta Pro de **iVoox** para tener extras muy interesantes como la programación de tus episodios, por ejemplo.

Otra opción es **Anchor**, del que también hemos hablado anteriormente y que en 2019 fue comprado por **Spotify**. Es de origen estadounidense y también es gratuito. Para podcasters es una plataforma muy sencilla y muy práctica, ya que ofrece métricas de gran valor. **Anchor** no solo ofrece alojamiento gratuito, sino que también ofrece la creación de tu propio RSS y la distribución en plataformas externas, como ya hace **Apple Podcast**.

Por otro lado, si quieres invertir en un *hosting*, lo más recomendables es que apuestes por **Spreaker** por varios motivos. El primero es que ofrece recursos de calidad como las métricas o un gran catálogo de música, que te facilitará mucho las cosas en cuanto a derechos de autor. Además, ofrece una opción de emisión en directo. Asimismo, es una de las plataformas que más está apostando por las nuevas tecnologías y nuevas formas de difusión, como la distribución del contenido en **Amazon Alexa**, que cada día tiene más adeptos.

Aunque seguramente con alguna de las opciones de alojamientos ya mencionadas puedas trabajar en tu podcast de manera excelente, te animo a que investigues en internet para ver qué *hosting* puede adaptarse mejor a todas tus necesidades y a tus gustos como creador. Tampoco descartes la idea de tener tu propio servidor de podcast o de audiolibros. Como en todos los sectores laborales, si puedes ser tu propio jefe, ¿por qué no serlo? Es cierto que a veces es complicado, pero en este caso no se necesita tanto:

- Conocimientos técnicos suficientes como para crear un CMS propio y, posteriormente, gestionar el alojamiento. Si no tienes esos conocimientos seguro que conoces a alguien que te puede echar una mano.
- Espacio de almacenamiento web: al igual que se contrata alojamiento web, también hay la opción de adquirir solo el almacena-

miento. Hay multitud de empresas que se dedican a ofrecer este servicio, por lo que esta parte será sencilla de conseguir.

- Conocimientos técnicos bastante elevados para el mantenimiento del alojamiento web. Más allá de tener que crear un CMS, hay que hacer un seguimiento constante para mantener el alojamiento web.

Si estás empezando a publicar podcast o audiolibros y no tienes demasiados conocimientos técnicos, lo mejor será que te decantes por alguna de las opciones más sencillas y más utilizadas para alojar todo el contenido: **iVoox**, **Anchor** o **Audible**. Si tus conocimientos sobre autopublicación son básicos o medios intenta no complicarte demasiado. Como se mencionaba en el capítulo 4, **Audible** se está especializando en audiolibros, por lo que es la plataforma ideal para publicar tu propio audiolibro. Otras opciones altamente eficaces para distribuir tu audiolibro son **Google Play**, **iTunes** y **Kobo**. En los tres casos se hace a través de sus páginas web respetando siempre las especificaciones técnicas que ellos mismos especifican. En cuanto a **Audible** de **Amazon**, la tarea, inicialmente, no resulta tan sencilla, ya que vas a tener que firmar un contrato de distribución con la empresa o hacerlo a través de empresas intermediarias, pero el resultado siempre es óptimo.

Cambiar el *hosting*

Esta labor puede ser bastante complicada si no se tienen muchas destrezas informáticas, pero despacio y con buena letra es posible hacerlo casi todo. Antes de entrar de lleno en el cambio de *hosting*, es muy importante seleccionar un buen *hosting* desde el principio, pero no siempre es sencillo acertar a la primera. En muchos casos, la elección dependerá de la economía y de la actividad que vaya a tener el creador. Sin embargo, ambos aspectos pueden ir cambiando según avanza el tiempo. Como acertar a la primera es casi imposible, la mejor opción será elegir una alternativa escalable, es decir, una opción que te permita ir sumando cosas nuevas según las vayas necesitando. Hay creadores de contenido que prefieren tenerlo ya todo hecho y van desde el principio a lo más caro, para evitar tener que estar cambiando con el tiempo, pero no es lo más habitual, porque tampoco es lo más aconsejable. El principal motivo para tener que cambiar de *hosting* es el tamaño de almacenamiento. Es fundamental que la calidad del audio llegue a los oyentes de la mejor forma posible. Sin embargo, es bastante habitual que los servidores compriman los archivos de audio para que ocupen menos espacio, ya que cuanto menos espacio más se abarata el coste, y dicha compresión puede influir en la calidad del sonido.

Vale, una compresión del audio puede afectar a la calidad, pero ¿qué calidad es suficiente para contenidos no musicales? Es decir, para un podcast sin apenas música o para un audiolibro. Para un formato hablado y con la posibilidad de incluir algo de música, podría ser suficiente con 128 kbps[80], ya que ofrece un buen equilibrio entre tamaño del archivo y calidad del sonido. Sin embargo, si el programa o el audiolibro tienen mucha edición o bastante presencia de la música habría que subir a los 192 kbps. Aunque lo ideal sería subirlo más, es difícil poder hacerlo, porque entonces el tamaño de los archivos se convertiría en un problema. Si utilizas un *hosting* en el que sea la empresa de alojamiento los que deciden el formato final de los archivos, no importa en qué calidad o formato lo subas, ya que el usuario va a escucharte en el formato que elija el servidor. Por lo que esto podría influir en la decisión de hacer un cambio de *hosting* a otro que admita mayor tamaño de los archivos y, por lo tanto, más velocidad de transfe-

---

80. Siglas de «kilobit por segundo». Es una unidad de medida que se usa para calcular la velocidad de transferencia de información a través de una red.

rencia de la información. Lo que se traduce en una mejor calidad del sonido final.

Otro de los motivos que podría hacer que el creador se planteara cambiar de *hosting* es si el que tiene actualmente distribuye el contenido entre las diferentes plataformas que existen o se queda solo en unas pocas. Porque una cosa es alojar el contenido y otra diferente es llevarlo a los oyentes a través de las distintas opciones de distribución. Algunos *hosting* lo ponen muy fácil, tanto es así que con un simple botón harán que tu contenido se distribuya en **Apple Podcast**, **Spotify**, etc. Sin embargo, la mayoría de los que ofrecen esa opción son de pago. Por lo que si tu *hosting* te brinda esa posibilidad tendrás solucionado uno de los procesos más tediosos a los que te vas a tener que enfrentar. Por ejemplo, **Spreaker** es uno de esos servidores que hace que con dar a un botón puedas distribuir tu contenido por las diferentes plataformas de podcasting y audiolibros.

Algunos distribuidores como **Spotify** o **Google Play** siguen la dirección RSS que se les proporciona para poder publicar tu contenido. Así, si cambias de alojamiento solo tienes que actualizar la dirección de tu RSS nuevo y listo. Sin embargo, hay otros distribuidores como **Apple Podcast** que se «enganchan» al *hosting* original que creaste. Por lo que si cambias de alojamiento puedes actualizar la información con tu nuevo RSS, pero eso solo hará que sean los nuevos oyentes los que vayan al nuevo alojamiento. Los antiguos suscriptores seguirán dirigiéndose a tu antiguo *hosting*, que ya no está activo. La única solución para este problema, que no es 100% eficaz, es que tu antiguo *hosting* informe a los usuarios de que tienen que dirigirse a un nuevo *hosting*. No obstante, no todos los servidores están dispuestos a informar públicamente de que te has ido a otro servidor, ya que lo entienden como un fracaso a nivel de negocio para ellos. En el caso en el que decidas cambiar de servidor en mitad de tu proyecto, la mejor idea es ser sincero con tus oyentes y poner un anuncio grande en tu página que informe sobre tu mudanza. Solo así se darán cuenta de que has cambiado de alojamiento y no perderás oyentes por el camino. Piensa que a no ser que tengas oyentes muy muy fans, no es habitual que la gente se dé cuenta de que has dejado de subir contenido y de que, además, se pregunte por qué y qué estarás haciendo ahora. Por este motivo, pónselo fácil. Salís todos ganando.

Otro punto a tener en cuenta a la hora de cambiar de *hosting* una vez que ya has empezado a grabar programas, en el caso de los podcast, es si el servidor tiene algún mecanismo de importación automática del antiguo podcast. Es decir, que puedas descargarte automáticamente todo el contenido que has hecho hasta el momento. Por ejemplo, **iVoox** sí tiene esa función, pero hay muchos otros que no y tener que descargar y volver a subir muchos programas puede ser un trabajo muy tedioso. Por eso, antes de cambiar de *hosting*, y, sobre todo, antes de elegir uno, piensa muy bien cuáles van a ser tus necesidades y si el que estás eligiendo, sea más o menos costoso, va a cumplir con tus expectativas.

La importancia de las métricas

Las métricas son otro de los puntos que hay que tener en cuenta si se quiere cambiar de *hosting* una vez empezado el proyecto. ¿Qué ocurre con todas las estadísticas que has recogido durante el tiempo que has estado utilizando ese servidor? La respuesta es muy clara y concisa: se pierden. En ningún caso las estadísticas se sumarán a las nuevas que obtengas. Es muy complicado llegar a entender a tu audiencia y, realmente, solo puedes llegar a hacerlo a través de las analíticas. Por este motivo, es una auténtica pena y un atraso para todo tu esfuerzo y trabajo perderlas todas. Ten en cuenta cómo son las mediciones del nuevo alojamiento y si esas estadísticas van a tener el mismo valor o similar al que tenía tu alojamiento de origen. Las métricas sirven para mucho más que para medir el comportamiento de tu audiencia. Son útiles para incluir publicidad, para elegir los temas sobre los que hablar, para aumentar o disminuir la duración de los episodios o para posicionarte dentro del mercado del podcasting, que no es nada sencillo.

Y muy relacionado con lo anterior, has de detenerte en el último motivo por el que cambiar o no de *hosting*: la inserción de anuncios. ¿Qué opciones te ofrece el nuevo servidor para incluir publicidad? Y, lo más importante, ¿qué manera tiene de ayudarte a triunfar en el podcasting el nuevo servidor? La publicidad es uno de los factores que más beneficios económicos te va a proporcionar, por lo que es imprescindible tener muy presente qué tipo de publicidad te va a permitir el nuevo *hosting*.

Todas estas cuestiones hay que tenerlas en cuenta e intentar resolverlas antes de elegir un *hosting*, en el inicio del proyecto, o de cambiarlo una vez que tu trabajo ya ha comenzado. Como todas las mudanzas puede acabar siendo una auténtica tortura y recuerda que esto lo haces porque te gusta. Sobre todo, porque al comienzo de la aventura es probable que ni siquiera te dé beneficios económicos. Así que si te causa dolor de cabeza te va a costar mucho más sacarlo hacia delante. Ponte siempre el camino lo más fácil posible y disfrútalo al máximo.

8

LA AUDIENCIA DE LOS PODCAST Y DE LOS AUDIOLIBROS

Las necesidades y las peticiones de la audiencia respecto al entretenimiento van cambiando con los años. Una persona de 30 años no pedía lo mismo en los años noventa, que ahora. ¿Son ahora más exigentes como audiencia? Puede ser. Quizá la base de todo es que hay muchísimas más posibilidades de entretenimiento que hace un par de décadas y eso conlleva a que el espectador, el lector o el oyente cada vez quiera entretenerse más y mejor. Y, por supuesto, hacerlo de forma diferente a como lo hacían sus padres a su edad.

En pleno siglo XXI, está al alcance de casi cualquier persona una serie de televisión que llega desde Corea del Sur a las plataformas de streaming, un podcast de ciencia o un audiolibro locutado por una actriz reconocida por su voz en diferentes puntos del planeta. Gracias a la globalización y el avance de las nuevas tecnologías, las opciones de entretenimiento son infinitas y eso hace que la demanda vaya creciendo cada vez más según gustos y necesidades de los nuevos consumidores y, sobre todo, de su forma de consumir. No consume igual un adolescente, que una persona jubilada. De este modo, es fácil hacer una diferenciación por generaciones y contenidos: la Generación Z[81]

81. Generación nacida entre 1997 y 2007

se entretiene con TikTok[82], los *Millennials*[83] con Instagram y los mayores de 60 con Facebook. Pero a la vez la Generación Z consume series como Élite[84], los *Millennials Juego de Tronos*[85] y los mayores de 60 *Patria*[86]. Es decir, hay contenido audiovisual y aplicaciones exclusivas según para qué generación, pero ¿qué ocurre con el audio?

Bien es sabido que los mayores de 60 son grandes consumidores de radio, ya sea con programas de noticias, de opinión o de fútbol. Pero, generalmente, las generaciones que se sitúan por debajo de los 40 no escuchan la radio, más allá de emisoras de contenido musical. Gracias al gran auge de los podcast y de los audiolibros los menores de 40 se han vuelto a poner auriculares y ya no solo para escuchar música. Estas generaciones que parecían imposibles de captar a través de la voz también han quedado atrapadas por el universo del podcasting y de los audiolibros. Algo tienen que tener estos dos productos cuando han enganchado a las generaciones que menos escuchan, incluso a los de su alrededor. Algunos de los motivos de este éxito son los siguientes:

- Los podcasters hablan el mismo «idioma» que estas generaciones. Si tienes 30 años no es lo mismo que te hable sobre la maternidad una persona que tiene 50, que una que tiene tu misma edad y que, por lo tanto, se encuentra más o menos en tu momento vital. Y lo mismo ocurre con el resto de temas, ya sean controvertidos o no: el deporte, el trabajo o las vacaciones de ve-

82. Red Social de origen chino dedicada a la creación y visualización de vídeos cortos, leer *Guía práctica de TikTok* https://redbookediciones.com/producto/redes-sociales/guia-practica-de-tiktok/
83. Generación nacida entre 1985 y 1996.
84. Serie juvenil de Netflix que se centra en las relaciones amorosas y sexuales de un grupo de jóvenes de la alta clase española.
85. Serie estadounidense de fantasía de la cadena HBO. Desarrollada a partir de los libros de gran éxito del autor George R. R. Martin.
86. Serie española de HBO que trata el problema que causó ETA en el País Vasco. Creada a partir de la novela seudónima de Fernando Aramburu.

rano. Tanto la Generación Z, como los *Millennials* tienen características comunes muy dispares a las generaciones anteriores. Para llegar hasta ellos hay que hablar su «idioma» y los podcasters lo están consiguiendo sin ningún tipo de esfuerzo, ya que biológicamente pertenecen al mismo grupo de edad. Han sufrido las mismas crisis, les preocupan los mismos temas y, sobre todo, tienen los mismos objetivos y obstáculos en la vida.

- Otro de los motivos de este éxito es que el contenido es a demanda. Desde el móvil es posible escuchar un programa sobre el racismo o un audiolibro de poemas italianos. Estas generaciones están acostumbradas a elegir lo que quieren ver (mucha culpa la tiene **Netflix**), por lo que elegir lo que quieren escuchar es también una gran ventaja para ellos. Actualmente, es bastante complicado que una persona de menos de 40 o, incluso de 50, aguante un programa de radio en directo, con publicidad, pausas, etc. Bendito contenido bajo demanda.

- El contenido es inmediato y puede detenerse cuando uno quiera. Tanto si estás escuchando un podcast como un audiolibro puedes hacerlo en el momento en el que quieras y ponerlo en pausa cuando lo necesites. Esto no lo puedes hacer con un programa de televisión o con un programa de radio en directo.

- Así, muy en relación con el motivo anterior, los oyentes se sienten dueños de su tiempo. Pueden elegir un podcast que dure media hora o uno que dure 10 minutos. Todo está a su alcance y adaptado a sus necesidades.

- El contenido parece infinito. Parece que ahora se sigue el lema de «cuanto más haya mejor», dejando a veces de lado la calidad del contenido.

Todo esto ha conseguido que estas generaciones sean grandes consumidoras de podcast y de audiolibros. Y, además, su interés por este contenido ha hecho que lo acerquen a sus mayores. En este proceso ya no son los padres, los abuelos, los tíos o los vecinos los que ayudan a las generaciones jóvenes a aprender o a hacer determinadas cosas, ahora es al revés. Son los hijos o los nietos los que lea regalan un teléfono móvil, un ordenador o un iPad a sus mayores y de lo primero que les explican, aparte de cómo utilizar WhatsApp, es cómo descargar aplicaciones para poder escuchar programas de podcast o audiolibros desde el dispositivo. Con este acto es posible ver la importancia que le dan los jóvenes a estas nuevas formas de entretenimiento de y de cultura, ya que consideran que es lo suficientemente importante como para enseñárselo a sus mayores.

Cuéntale al mundo que tienes un podcast o un audiolibro

Según el buscador de podcast *Listen Notes*[87], hay más de 2,7 millones de podcast y 122 millones de episodios de podcast online, que no es poco. Así, a grosso modo no suena demasiado sencillo hacerse un hueco entre tantos millones de podcasters, pero también hay hueco para ti. Algo parecido ocurre con los audiolibros, la oferta que hay en este momento es inmensa y hacer que tu propio audiolibro llegue a mucha gente es una tarea complicada, pero no imposible.

Ya en el capítulo 2 hablamos de cómo encontrar a tu audiencia entre millones de usuarios, ya fueran consumidores de audio o de lectura narrada. Si ya tienes claro cuál es tu nicho comienza a focalizarte en él, pero si todavía tienes dudas sobre ello, una buena técnica puede ser crear un perfil de oyente o de lector.

87. Según sus creadores Listen Notes es «como Google, pero para podcast» https://www.listennotes.com/es/about/

Crear perfil de oyente o de lector

Dentro de esta segmentación debemos tener en cuenta algunos parámetros como la edad aproximada de la audiencia, ya que es muy difícil llegar a todos los rangos de edad. Asimismo, los intereses y las frustraciones que puede tener ese oyente o ese lector son diferentes. Si tienes un nicho es fácil descubrir cuáles son los intereses generalizados de tu audiencia y cuáles son sus preocupaciones o frustraciones. Por ejemplo, si tu nicho son madres y padres de niños con autismo, puedes tener bien claro cuáles van a ser sus intereses y preocupaciones. Por lo que si te dedicas a hacer podcast sobre ello solo tendrás que buscar qué temáticas pueden resultar de su interés y si haces audiolibros sobre ello ocurre exactamente lo mismo. Detente unos días en ver qué capítulos pueden ser atractivos y ponte a ello.

Otro factor a tener en cuenta a la hora de hacer un perfil puede ser la formación. No es lo mismo dirigirse a un público que englobe a ingenieros aeronáuticos, que a una audiencia adolescente que sigue estudiando en el instituto. Para conocer a tu oyente o a tu lector tipo puedes hacer encuestas en otras redes sociales que tengas u observar cuál es la audiencia de otro contenido similar a lo que te gustaría hacer.

Una vez que tienes el perfil del oyente o del lector es mucho más sencillo empezar a promocionar tu contenido. Ya sabes a dónde tienes que dirigir tus esfuerzos, ya sean estudiantes de medicina, por ejemplo, o doctorados en letras antiguas. Tu público está en algún sitio, solo tienes que localizarlo y contarles que tienes un contenido que les va a interesar de verdad. Porque lo que necesitas es que esa audiencia esté verdaderamente interesada en el contenido que estás creando. Ahora queda saber cómo promocionarlo:

Publica el podcast/audiolibro en el mayor número de plataformas posibles

No limites tu tráfico publicando tu creación en una sola plataforma, ni siquiera en dos. Muévelo todo lo que puedas. Además de **Spotify**, **Apple Podcast** o **Google Play Books**, publícalo también en **Audible** y en **Soundcloud**. Piensa que tu objetivo es que te escuche el mayor número de gente posible, no te pongas límites.

Envía tu contenido a los directorios

Más allá de las plataformas, hay otro concepto de difusión y distribución que también funciona muy bien: los directorios. Estos hacen una función muy parecida a la que hacían las antiguas guías de teléfono. Catalogan los podcast y/o los audiolibros y los clasifican según el género o la popularidad que tengan. También hay otros tipos de clasificaciones como la duración, por ejemplo. Algunos de los directorios más conocidos son **Spotify**, **iTunes**, **Listen Notes** y **Stitcher**.

Aprovecha las redes sociales

Casi todo el mundo que tiene un teléfono móvil está presente en alguna red social. Depende de cuál sea tu nicho vas a tener más cabida en una red social o en otra. Recuerda que no todo el mundo está en todas las redes, por eso es importante segmentar tu audiencia. Es muy interesante darte a conocer a través de alguna red social, ya que hay muchas opciones para llamar la atención a tus posibles oyentes o lectores. Puedes hacerlo a través de encuestas, clips de episodios de tu propio podcast, avance del primer capítulo del libro, etc. Y, por supuesto estudia dónde están tus posibles seguidores: ¿TikTok? ¿Instagram? ¿Twitter? ¿O en los tres? Ejemplo de este tipo de táctica es lo que hace el podcast *Estirando el chicle*, que aprovecha, sobre todo, Twitter e Instagram, que es donde está su audiencia, para promocionar sus episodios.

En el caso de *Estirando el chicle* ellas publican su podcast en **Podium Podcast**, que es quien las tiene contratadas, aunque unos días después del estreno en esta plataforma también se distribuye por el resto de plataformas. Además, se graban en directo para después subir el programa también a **Youtube**. Esto es una acción poco común, pero algunos podcasters lo hacen para aumentar su tráfico y muchos de ellos lo consiguen. Es una manera de llegar a más gente, ya que no toda tu audiencia tiene por qué ser consumidora de audio, ni tampoco consumidora de vídeo.

Únete a alguna Comunidad

Hay muchos grupos en Facebook y páginas web donde se recoge información útil para los creadores de contenido de audio. Algunos de ellos son el grupo de Reddit *Subreddit Podcast*, el grupo de Facebook *The New York Times Podcast Club* o el grupo *Audiobook Community* también en Facebook. En todos estos grupos puedes conocer podcast similares al tuyo o encontrar a gente interesada en lo que vas a contar o publicar. Además, también puedes conocer a gente que haga contenido parecido al tuyo o que ambos puedan complementarse. Las sinergias son buenas para todos, ¿por qué no darle una oportunidad a este modelo de negocio?

Anima a tus oyentes a que te recomienden

Quizá esta sea una de las estrategias más sencillas y con mejores resultados. En el mundo de la creación de contenido de audio, el boca a boca funciona muy bien. Así que aprovéchate de ello todo lo que puedas. Una gran parte de los oyentes que le dan una oportunidad a un nuevo podcast o a un audiolibro es porque alguien se lo ha recomendado. Por ello, no pierdas la oportunidad de pedirle a tus oyentes que te recomienden para llegar a un mayor número de personas.

Participa en otros podcast

Este punto está centrado en el podcasting, ya que es un mercado que admite muy bien el intercambio y las sinergias entre diferentes creadores. Es muy interesante para darte a conocer acudir a otros podcast como invitado especial. Pueden invitarte porque eres experto en algún tema, porque tu contenido se compagina con el del anfitrión o porque el creador del otro podcast es tu amigo y te va a hacer el favor. Sea por el motivo que sea, que te inviten a otros podcast es una muy buena oportunidad para darte a conocer. Si consigues que hagan alguna que otra mención a tu podcast conseguirás un extra de promoción muy eficaz.

Si tienes una página web aprovéchala

Si antes de dedicarte a crear un podcast o a narrar historias, ya contabas con una página web o un blog no desaproveches la oportunidad de hacer promoción también por ese canal. Tendrás muchos lectores a los que les interese el nuevo contenido que estás creando. Recuerda que cada vez se lee menos y se consume más en audio.

Trabaja con *influencers* y famosos

Un *influencer* es una persona que en redes sociales tiene una cantidad notable de seguidores. Puedes pagarle porque haga promoción de tu podcast o puedes invitarle a tu programa para atraer a sus seguidores hasta tu contenido. O, bien, puedes pagarle para que sea él quien narre tu audiolibro. Todas estas opciones son ideales para aumentar el tráfico que llega a tu contenido. Recuerda que los *influencers* y los famosos mueven masas y nunca te va a venir mal una pequeña cantidad de esa masa.

Con todas estas estrategias sobre la mesa para promocionar tu podcast o tu audiolibro estás listo para dar un salto hacia el próximo punto: el posicionamiento de tu contenido.

SEO y posicionamiento

Las siglas SEO responden a *Search Engine Optimization*, que traducido a español es optimización de motores de búsqueda. Pero, ¿qué significa esto realmente? El SEO de una página son el conjunto de las acciones llevadas a cabo en un sitio web para mejorar su visibilidad dentro de los resultados orgánicos en los buscadores, como Google o Yahoo. Es decir, es todo lo que se debe hacer para conseguir que tu página o tu producto aparezcan en los primeros resultados de los motores de búsqueda cuando alguien «pregunte» a Google o a otro buscador por un contenido que tú les puedes ofrecer.

El mundo del SEO y del posicionamiento es inmenso. Hay expertos en esta área que trabajan jornadas muy extensas para conseguir que las páginas web, los servicios y los productos de las empresas para las que trabajen estén bien posicionadas. Se trata de una labor muy compleja, que necesita de una formación previa bastante amplia, sobre todo, si se quiere desempeñar esta función en alguna gran empresa. Como ya hay muchos libros, cursos e incluso, másteres, sobre SEO, en este capítulo vamos a abordar ciertas claves, pero no vamos a hacer un manual exhaustivo de cómo hacer un buen SEO.

Antes de nada, lo más importante que hay que tener en cuenta para llevar a cabo un buen SEO es el sentido común. En definitiva, los motores de búsqueda (Google, Yahoo, etc) son máquinas, por lo que hay que tratarlas como tal. Su principal función es rastrear toda la información que hay en internet para clasificarla en función de las palabras, ilustraciones y algún otro componente que contenga dicho contenido. Es decir, un buscador rastrea todo internet en busca de textos que contengan palabras que tengan que ver con la búsqueda que ha realizado el usuario. Cuando el motor encuentre contenidos que tengan similitud con lo buscado lo mostrarán en las páginas de resultados. En este punto es imprescindible recuperar el concepto de que son máquinas: tú, como humano, tienes que ponérselo lo más fácil posible. Si tu contenido trata sobre gastronomía, incluye la palabra «gastronomía» o «comida» varias veces a lo largo de todo el contenido, ya sea un artículo, la descripción de un podcast o la sinopsis de un audiolibro. Los usuarios que estén interesados en ese tema, probablemente, van a buscar por «gastronomía» o «comida» y tú tienes que decirle al buscador que tu contenido es el ideal para los usuarios que están realizando la búsqueda sobre dicho tema.

Además de las palabras comprendidas en el contenido que subas a una página web o a una plataforma, los buscadores tienen otros muchos factores en cuenta para saber que tu contenido es bueno y si, por lo tanto, tiene un buen posicionamiento. Otro elemento esencial para un buen SEO es la longitud del texto que incluya tu contenido. Si es largo, los buscadores entienden que el contenido es bueno, profundo y con vigor y veracidad. Por otro lado, si el contenido tiene muchos enlaces y otras páginas enlazan a él también va a sumar puntos para un posicionamiento notable. Aunque, claro, en un podcast o en un audiolibro no hay mucho texto, ¿qué ocurre entonces en estos casos? Hay cabida para varios escenarios:

- Si tu podcast o tu audiolibro están colgados, únicamente, en una plataforma externa a tu propio dominio, los buscadores «leerán» solo ciertos elementos: el título del podcast o del audiolibro; la breve descripción sobre este que hayas incluido y las etiquetas que hayas decidido seleccionar para categorizar el contenido. Por eso, en este escenario es fundamental elegir bien las palabras empleadas. Pónselo fácil a los buscadores.

- Si, además de compartir tu creación en otras plataformas o webs, subes tu contenido a una página web propia, los buscadores van a «leer» más en profundidad. Por lo que serán capaces de detenerse más en la descripción que acompaña al contenido y en el artículo en el que hayas incluido tu podcast o tu audiolibro, en caso de que lo hayas hecho. Esto último es altamente recomendable para un posicionamiento destacable.

- Si, además de tener una web o compartirlo en otras páginas o plataformas, tu contenido está también presente en redes sociales, los buscadores podrán «leer» todos los mensajes públicos relacionados con el contenido que hayas compartido. Por esto te interesa tener localizada a tu audiencia en las redes sociales, porque si tu audiencia te sigue y le gusta el contenido podrán dejar comentarios positivos que se valoran muy bien en el posicionamiento de cara a los motores de búsqueda.

Más información para los buscadores

Hasta el momento, solo hemos mencionado que los motores «leen» las descripciones, los comentarios, etc. Pero aquí nos importa el audio, ¿verdad? Aquí viene la mala noticia: los buscadores no pueden escuchar audio, solo pueden «leer». Sin embargo, no todo es blanco o negro. Ahora entenderás porqué. Aunque a veces creamos que nuestros dispositivos nos escuchan no es cierto, lo que hacen realmente es transcribir lo que escuchan para poder «leerlo» después. Solo así pueden saber de qué trata tu contenido en formato de audio, ya que, de momento, no están desarrollados para ser oyentes. Por lo tanto, hay que tratar de cuidar al máximo posible el texto que acompaña al contenido, ya que es lo que, verdaderamente, van a tener en cuenta todos los buscadores para mostrarlo en los primeros resultados o no. Que el texto esté cuidado no quiere decir, únicamente, que tenga que estar bien escrito, que también, sino que incluya todas las palabras claves esenciales sobre el contenido que estás compartiendo. De esta manera, se facilita mucho el trabajo a los buscadores. Recuerda: son solo máquinas. Así, repite las palabras que consideres fundamentales e incluye palabras relacionadas o similares respecto al tema del que hablas. Si tu podcast o tu audiolibro tratan sobre fútbol, será imprescindible que la palabra «fútbol» aparezca más de una vez en el texto que acompañe al contenido de audio. También puedes incluir palabras como «Champions» o nombres de equipos para que los buscadores sepan rápido sobre lo que trata tu audio. Una vez más: pónselo lo más fácil posible.

Además de un buen texto, es recomendable que tengas una página web. Cuanto mayor contenido les des a los motores de búsqueda, mejores resultados vas a obtener. Ellos se nutren de lo que les facilites, por lo que una página web completa con tu contenido, tu información como creador y con detalles en profundidad sobre los temas que tratas es una fuente de información maravillosa. Tu página web es como el hogar acogedor de todo lo que crees, así que tienes que incorporar en ella todo lo que consideres oportuno, siempre que esté relacionado con el contenido que manejas. Todo suma y los robots de los motores de búsqueda estarán encantados de recibir toda la información que tú mismo les puedas ofrecer sobre tu contenido. Cuanto más les des mucho mejor, porque así podrán hacerse una idea más rápido de lo que va tu contenido, ya sea un podcast o un audiolibro propio.

Y, por último, para tener un mejor posicionamiento es imprescindible intentar promocionar el contenido todo lo posible. No vale con decir en voz alta que tienes un podcast o que acabas de publicar un audiolibro, recuerda que los motores de búsqueda no son capaces de escuchar, solo «leen». Así que tienes que dejarlo por escrito y que la noticia navegue sin límite por internet a través de la promoción orgánica o de pago, eso ya es una decisión económica propia del creador. Algunas técnicas para llevar a cabo una promoción orgánica (de no pago) pueden ser: interactuar con otros usuarios y con otro contenido similar al que tú haces; puedes hacer preguntas a tus seguidores en diferentes redes sociales; no olvides de responder a quien te escriba por redes sociales o en tu página, sobre todo al principio, y, por supuesto, es importante crear comunidad. Con comunidad nos referimos a un grupo de gente interesada y afín al tema o temas que tratas y que interactúa de alguna manera con dichos temas.

Teniendo en cuenta todas estas estrategias y consideraciones, es bastante sencillo tener un buen SEO y, por lo tanto, un posicionamiento adecuado para destacar entre todo el contenido que hay disponible en internet y en las diferentes plataformas. No es un proceso sencillo, sobre todo, si no tienes demasiados conocimientos sobre ello, pero, aun así, si acabas de empezar o si llevas un tiempo y quieres mejorar tu SEO ponte manos a la obra con estas estrategias. El resultado va a ser satisfactorio y seguro que empiezas a notarlo en las métricas de audiencia, que es el punto que vamos a tratar a continuación.

Cómo medir la audiencia

Desde hace ya unos años, en internet se mide absolutamente todo. A no ser que sepas mucho de informática o que navegues en sesión de incógnito, tu rastro va a ir quedando allí por donde pases, o más bien allí por donde navegues. Como usuario no siempre es un escenario apetecible. En ocasiones puede parecer que estamos muy controlados y que no podemos hacer nada en internet sin que las métricas lo sepan, pero cuando eres creador de contenido, las métricas son unos de los mejores aliados, tanto para hacer nuevo contenido, como para saber qué piensa la audiencia del trabajo que haces.

Solo analizando las métricas que se ofrecen desde las grandes plataformas de podcasting, se puede llegar a entender qué estás haciendo bien respecto a tu contenido y qué puedes cambiar para mejorarlo. Para la medición de resultados se utilizan los denominados KPIs (*Key Performance Indicator*), muy conocidos en el mundo del marketing digital, ya que, normalmente, son los parámetros que se tienen en cuenta a la hora de comprobar la eficacia de una campaña digital, independientemente del negocio que se esté llevando a cabo. Es decir, los KPIs son indicadores de muchos tipos que ofrecen la información necesaria para entender qué funciona, qué no funciona y cómo funciona el contenido que se ha lanzado digitalmente. Gracias a todos estos indicadores es más sencillo poder tomar decisiones sobre próximos pasos en el trabajo que se está realizando. Además, es posible potenciar todo aquello que ha resultado ser más productivo respecto al contenido. Existen KPIs para medirlo prácticamente todo: los hay que miden los clicks; otros que analizan el número total de descargas y otros se dedican a calcula el tiempo de uso de una página y existe muchos otros. Aunque la variedad es casi infinita, para medir el éxito de un contenido de audio digital hay algunos que son verdaderamente determinantes:

Descargas únicas

Principalmente, en cuanto al consumo de podcast hay dos tipos de personas: las que escuchan el contenido con una conexión a internet y las que descargan el contenido y lo escuchan más tarde sin conexión, ya sea en el coche o mientras hacen deporte, por ejemplo. Esta métrica ofrece información sobre el segundo tipo de oyentes, los que utilizan internet para descargar el contenido y tenerlo, así, siempre disponible. Gracias a este KPI, el podcaster puede hacerse una idea aproximada de cuántos usuarios están interesados en su contenido. Es cierto, que en este KPI se pierde el dato de las personas que escuchan el programa con conexión a internet, y que tienen desactivada la descarga automática, pero es útil para conocer qué audiencia tiene el podcast con un elevado nivel de interés. Es decir, el interés por el podcast es tan grande que no solo lo escucha, sino que ese oyente hace el esfuerzo de descargar el contenido cuando tiene conexión a internet para escucharlo más tarde. O sea, el «esfuerzo» e interés por parte del oyente es doble: escucha el contenido y, además, recuerda que quiere escucharlo mientras está haciendo otras cosas en un escenario que no invita a escuchar un podcast.

Número de suscriptores

Este KPI responde a una pregunta que todo podcaster se hace casi de forma diaria: «¿cuánta gente quiere escuchar lo que hago y saber que mi podcast tiene nuevo contenido?» Si eres capaz de tener una estimación de esto, podrás saber cuántos suscriptores tienes. Es un dato que no se facilita desde las plataformas de analítica, al menos, no se ofrece el cúmulo total. Lo más parecido es el KPI que ofrece **iVoox** sobre suscripciones totales del último día mes. Por lo que es esencial tener un conocimiento mensual de tus nuevos suscriptores para poder ir haciendo tú mismo un cálculo aproximado de qué cantidad de gente es la que te escucha. Cada plataforma brinda unos KPIs distintos, eres tú, como creador, el que debe elegir qué datos te interesan más o cuáles son los que necesitas en un momento determinado para tomar una decisión o para llevar a cabo un cambio en el podcast.

Reproducciones totales

Este KPI te va a ayudar a descubrir cuánta gente, aproximadamente, te escucha. En comparación con el KPI de descargas totales, este sí muestra el número total de personas que han reproducido el programa y no solo los que lo han descargado para reproducirlo más tarde. Además, gracias a este indicador también puedes saber cuáles son los episodios que mejor están funcionando por su número de reproducciones. Siempre hay temas que interesan más que otros y es muy difícil saber por qué. Con este KPI vas a poder saber qué temas han funcionado mejor y, por lo tanto, hacer tú mismo como creador un análisis sobre la situación, que te puede ayudar mucho a crear nuevos programas, ya que tienes el dato más revelador: «¿qué le interesa a mi audiencia?» Si tu podcast está en diferentes plataformas como **iVoox** y **Spotify**, por ejemplo, vas a tener que sumar tú mismo el número de reproducciones totales de cada una de las aplicaciones para obtener un gráfico global de en qué aplicación se está escuchando más tu contenido y cuánto se está reproduciendo. De esa forma, puedes invertir más esfuerzo en un espacio o en otro y en ciertos temas.

Tiempo total escuchado

Hay pocas plataformas que se atrevan a dar datos relacionados con el tiempo de consumo de los podcast. Entre ellas, destaca **iTunes**, que pone a disposición de los creadores varios KPIs relacionados con la escucha medida en tiempo, concretamente en minutos. Así, en la herramienta desarrollada por **Apple**, nos encontramos con dos KPIs que resultan muy interesantes:

- En primer lugar, ofrecen a los creadores el KPI de tiempo total escuchado entre todos los dispositivos. Es decir, hace una suma de las reproducciones en minutos en todos los dispositivos desde los que es posible escuchar el contenido. Por supuesto, **iTunes** incluye únicamente los dispositivos de **Apple** como iPhone, Mac o iPad. Ya que la aplicación **Podcast** de **Apple** no se puede escuchar desde otros dispositivos que no estén bajo su marca.
- Y, en segundo lugar, **iTunes** facilita a los podcasters el KPI de tiempo medio escuchado por dispositivo. La diferencia con el anterior es que en este reparte las reproducciones según el dispositivo. Por lo que, este KPI es muy interesante si tu intención como creador es destinar más esfuerzos o dedicación a algún dispositivo en concreto y todavía no sabes a cuál.

Cada plataforma ofrece unos KPIs distintos, de manera que haya una diferenciación clara entre unas y otras. Lo ideal sería que se recogiera toda la información en una sola, pero si tienes colgado el contenido en diferentes herramientas te va a resultar muy sencillo obtener todos los resultados de un solo vistazo. Eso sí, tendrás que acceder a cada una de las aplicaciones para obtener cada uno de los KPIs que más te interesen. Más allá de los indicadores que se han mencionado existen muchos más como, por ejemplo, el número de comentarios totales; el número de *listeners* totales acumulados, que se traduce en usuarios únicos que alguna vez dieron a *play* a un episodio o los dispositivos totales que han reproducido algún episodio del podcast ese mes. Todos los KPIs son bienvenidos para los podcasters, ya que ofrecen información que es imposible obtener de otra manera y que resulta muy útil.

Cómo funcionan los rankings de podcast

En marzo de 2022 la revista mundialmente conocida **Forbes**[88] lanzó un listado con los 50 podcast[89] de España con más éxito. Desde la redacción querían darle protagonismo y ponerles cara a las voces más escuchadas del mundo del podcasting, lo que **Forbes** considera que es «el formato que está reivindicando la democratización de la información y el sonido ante lo visual». Además de publicar el listado de forma online también lo hicieron en la portada del número de ese mes en papel. Así, en portada lucieron las caras conocidas de podcast como *Estirando el chicle* o *Dos rubias muy legales*.

---

88. Es una de las revistas del sector de los negocios y las finanzas más conocida a nivel mundial. Nace en Estados Unidos en 1917 y ahora ya tiene difusión en países como México o España https://forbes.es/
89. Listado completo de los 50 mejores podcast de España https://forbes.es/mejores-podcast/

Por orden de aparición, Carolina Iglesias y Victoria Martín son las voces de *Estirando el chicle,* uno de los podcast más escuchado en el panorama español y del que ya hemos hablado en capítulos anteriores. Son ejemplo perfecto de que las cosas con esfuerzo se pueden conseguir, aunque se lleve poco tiempo en el mundo del audio. Su andadura comenzó en el 2020 con un objetivo muy sencillo: pasárselo bien mientras compartían experiencias e indignación sobre ciertos temas con otras mujeres, todo ello desde el humor y con mucha profesionalidad. Tanto es así que ganaron el premio Ondas 2021 y el premio Ondas Globales del Podcast 2022 al mejor podcast, compartido con *Deforme Semanal Ideal Total* (https://open.spotify.com/show/0TCJ4VZKU6YFJjxpl0oHNN), el programa de Isa Calderón y Lucía Lijtmaer. *Estirando el chicle* encontró muy rápido

su audiencia: mujeres de la Generación Z y *Millennials* que están un poco hartas del patriarcado y de las tradiciones androcentristas[90]. Carolina y Victoria querían

90. «Tendencia a considerar al hombre como centro o protagonista de la historia y la civilización humanas en detrimento de las mujeres, cuya importancia se rebaja o no se tiene en consideración.» Definición de Oxford Languages.

dar voz a otras mujeres, que tanto tiempo han estado ocultas tras la sombra de los hombres. Así, en su programa solo invitan a mujeres, desde deportistas de élite como Susana Rodríguez, cuatro veces campeona del mundo de triatlón paralímpico, hasta Mónica Naranjo, una gran diva de la música y de la televisión desde los 2000.

Las otras dos protagonistas del mes de marzo de **Forbes** fueron Raquel Córcoles (también conocida como Moderna de pueblo[91]) y Henar Álvarez por su podcast *2 rubias muy legales*. Ellas mismas definen su programa como un show televisivo, pero sin ninguna restricción por parte de producción. Que el podcast *2 rubias muy legales* haya conseguido entrar en la lista sorprende mucho, pero refleja la relevancia que tienen ambas figuras para la sociedad actual. ¿Por qué sorprende? Porque estrenaron el podcast en febrero de 2022 y ya han conseguido hacerse un hueco. Además, tienen una limitación bastante llamativa y es que su contenido solo está disponible en **Podimo**, **Spotify**, **Deezer** y **Youtube Music**.

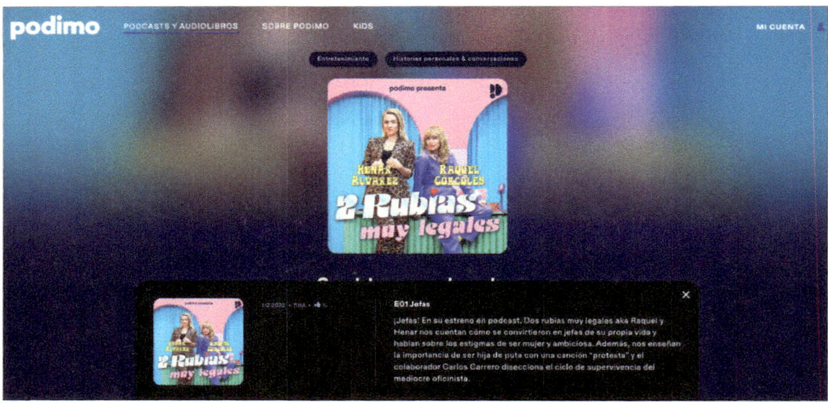

Portada podcast *2 rubias muy legales* en la plataforma Podimo

91. Ilustradora y autora de cómic, que emplea el humor para denunciar situaciones de la sociedad actual https://www.instagram.com/modernadepueblo/?hl=es

Otros de los podcast que figuraban en la lista de los 50 mejores podcast en España fueron *Por si las voces vuelven,* del presentador Ángel Martín en el que habla sobre la importancia de la salud mental tras el episodio que sufrió de esquizofrenia y que le hizo tomar consciencia de la relevancia que tiene esto en el día a día de las personas. Ángel Martín tiene su propia página web[92] donde incluye sus programas. Esta es una de las estrategias de posicionamiento que hemos visto. A él parece que le está funcionando bastante bien. Además, también se puede escuchar desde **Spotify**.

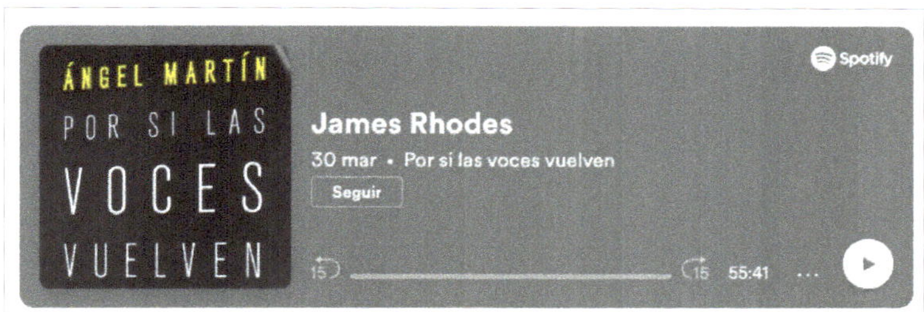

Programa del podcast *Por si las voces vuelven* dentro de la propia página web de Ángel Martín https://www.porsilasvocesvuelven.es/2022/04/04/james-rhodes/

Y ahora es donde viene la pregunta clave: ¿cómo y por qué se determina que un podcast está entre los mejores? No es fácil y no siempre es una información transparente. Es cierto que para entender cómo funcionan los listados es fundamental tener presente la idea de los KPIs, que comentamos en el punto anterior, pero no siempre son los únicos parámetros que se tienen en cuenta. Cada plataforma tiene en consideración unos indicadores y esos son los que se seleccionan para elaborar sus rankings. Sin embargo, aunque tú como creador obtengas unas estadísticas determinadas ofrecidas por cada

92. *Por si las voces vuelven* https://www.porsilasvocesvuelven.es/category/contenidos/podcast/

aplicación, es decir unos KPIs, cada una de las plataformas no reparan en los mismos parámetros para configurar sus propios rankings.

Métricas en Podcast de Apple

El primer caso a destacar es el de **Podcast** de **Apple**. Hasta el momento, la empresa norteamericana nunca ha hecho público con qué criterios elabora sus rankings, por lo que solo hay especulaciones por parte de los expertos en analíticas digitales. Siempre se ha creído que el «top de podcast más escuchados» se realizaba a través de tres indicadores concretos:

- El volumen de escuchas del podcast.
- El número de suscriptores totales.
- La media de valoraciones del podcast por parte de los oyentes.

Sin embargo, tras varios análisis, se sospecha que **Apple** podría basarse únicamente en un parámetro nada revelador: los suscriptores más recientes. Es decir, si el podcast ha funcionado bien respecto a nuevos suscriptores puede llegar a ocupar el top de más escuchados en **Podcast** de **Apple**. No es necesario que los usuarios escuchen el programa completo, con que se suscriban ya sería suficiente para que el podcast alcanzara una buena posición en el ranking. Esto explicaría por qué algunos podcast que todavía no son muy conocidos ocupan los primeros puestos en los listados de **iTunes**. Sin embargo, lo que es habitual es ver en las primeras posiciones del ranking a los podcast que más popularidad están teniendo en los últimos meses. Claro es el ejemplo de *Nadie sabe nada*[93] de Andreu Buenafuente y Berto Romero. Aunque este no sea un podcast en sí mismo, ya que se trata de un programa radiofónico de humor de Cadena Ser, recibe una mejor audiencia a partir del podcast que de la emisión en directo del

93. Programa de radio de Cadena Ser https://play.cadenaser.com/programa/nadie_sabe_nada/

programa en la propia radio. Además, el caso de Buenafuente y Berto Romero es muy llamativo, ya que han marcado un antes y un después en el universo del podcasting: su podcast se va a llevar a la televisión. Concretamente, **HBO Max** los ha contratado para que hagan su programa a través de la plataforma de streaming.

Vídeo promocional de lanzamiento del podcast *Nadie sabe nada* en HBO Max https://www.youtube.com/watch?v=r2hEZtr_h5M&ab_channel=NadieSabeNada

Sin duda, esta noticia va a ser determinante en el podcasting, ya que ha conseguido traspasar la frontera del audio a la pantalla. Empezaron en la radio, pasaron al podcasting y ahora a las plataformas de streaming. Este acontecimiento abre un abanico muy amplio de posibilidades y de buenas noticias para los podcasters que quieran lanzar su contenido también a través de vídeos, como ya hace *The Wild Project,* por ejemplo (https://open.spotify.com/show/5iKz9gAsyuQ1xLG6MFLtQg).

Volviendo al ranking de los más escuchado en **Podcast** de **Apple**, en segundo lugar, se encuentra el veterano *Tiempo de juego*[94], el programa, también de radio, de fútbol de la emisora COPE, que com-

94. Programa de radio deportivo de COPE con Paco González, Manolo Lama y Pepe Domingo Castaño https://www.cope.es/programas/tiempo-de-juego

parte posición con El partidazo de COPE, con Juanma Castaño al micrófono. Ambos son programas que llevan mucho tiempo funcionando de forma excepcional.

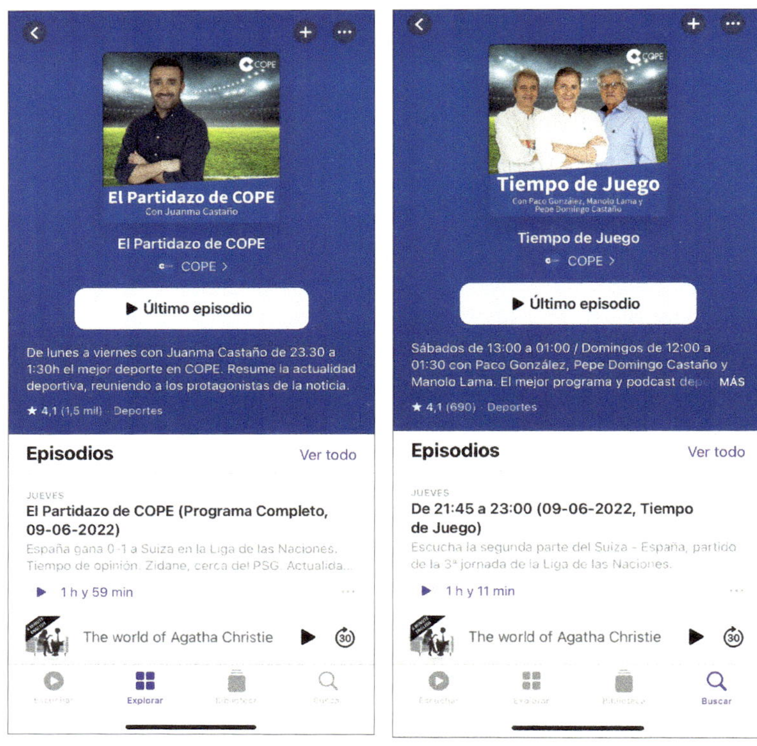

El tercero en el ranking de **iTunes** es *The Wild Project*, el podcast de Jordi Wild. Es un programa en el que cabe todo, desde filosofía, hasta ciencia, pasando por deportes. Una de las características de este podcast es que Jordi Wild adopta un lenguaje de «la calle», es decir, un lenguaje que se acerca a aquellos que no se sienten dentro de un entorno laboral o de formalismos. Por este motivo, consigue conectar con una gran parte de la población joven. El propio Jordi dice que en su programa «cada semana hablando claro y sin miedo sobre el mundo que nos rodea.»

Dentro del ranking de «top programas» se encuentran muchos más podcast de claro éxito actualmente, como *Arsénico caviar* (https://www.podiumpodcast.com/podcasts/arsenico-caviar-podium-os/), el programa que habla sobre los sentimientos más primarios como el odio y el amor, o *Cariño, ¿pero qué dices?* (https://podcasts.apple.com/es/podcast/cari%-C3%B1o-pero-qu%C3%A9-dices/id1628274247), el programa en el que Risto Mejide y Laura Escanes exponen al mundo algunas de las conversaciones que mantienen como pareja sobre ciertos temas.

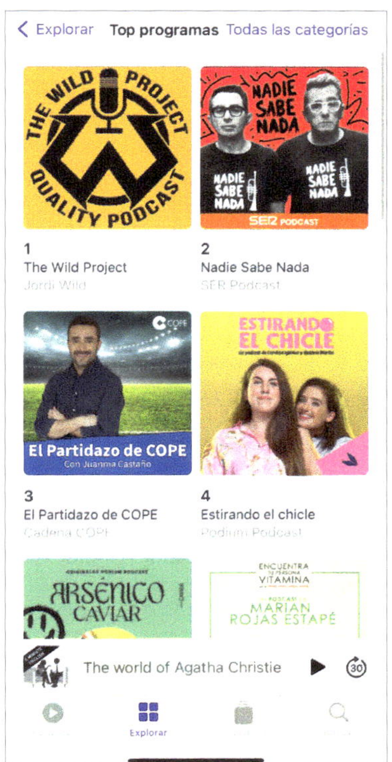

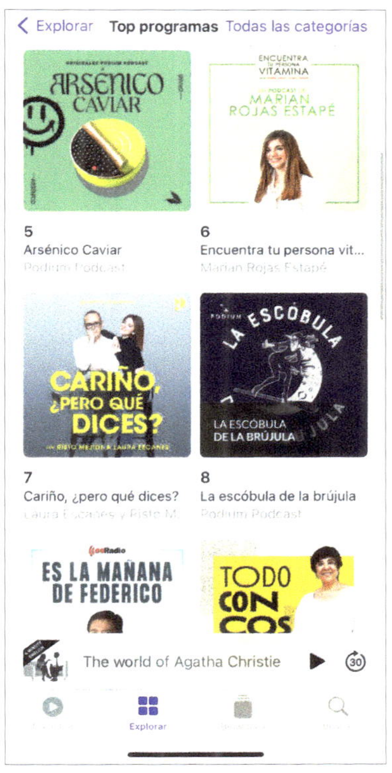

Ranking «Top programas» de la plataforma Podcast
de Apple en junio de 2022

Lo que extraña a los analistas y a los oyentes es que, a veces, en las primeras posiciones de estos rankings aparezcan podcast que lleven ya un tiempo sin funcionar o podcast completamente desconocidos, que ni siquiera alcanzan un nivel elevado de calidad. Sea en **iTunes** o en cualquier otra aplicación esto resulta muy chocante para los que están al día de las novedades y éxitos en el podcasting. ¿Cómo consiguen esos programas llegar o volver a los primeros puestos en los rankings sin tener popularidad? La clave la tienen los llamados podcast *promoters*. Normalmente, estos promotores están centralizados en India y por un módico precio prometen llevar tu podcast hasta lo más alto de los rankings y así es, pero las consecuencias no siempre son tan ventajosas. ¿Cómo funciona esta técnica para ganar popularidad? Los *promoters* dedican sus esfuerzos a conectar muchos teléfonos y dispositivos a la vez a la aplicación de **Podcast** de **Apple** y se suscriben todos al mismo tiempo al podcast que se les indique. Además, aunque el tráfico se esté generando en India, informáticamente son capaces de indicar que el tráfico proviene de otro país diferente, lo que hará que dicho podcast pueda aumentar su popularidad en el país que sea de interés para el que contrata los servicios.

Es una estrategia muy efectiva, pero que hace aguas pronto, ya que es muy fácil identificar a los podcasters que recurren a ella. Esta «trampa» puede descubrirse a partir de ciertos elementos como, por ejemplo: escalada en los rankings de popularidad sin contar con nuevas y buenas valoraciones de los usuarios; ausencia de comentarios por parte de los oyentes; calidad que no llega al nivel del resto de podcast, etc. Hay muchas variables que ayudan a identificar que un podcaster no está siendo legal, ya que los podcast *promoters* no se detienen en valorar o comentar el contenido, simplemente activan dispositivos para reproducir el contenido sin ser capaces de valorar el podcast ante el que están. A parte de que el resto de podcasters y los usuarios puedan darse cuenta de que la estrategia no está siendo la más lícita, esta acción tiene otras consecuencias:

- Según el dinero que se pague a este tipo de empresas, la popularidad dura más o menos, pero en cualquier caso no se mantiene en el tiempo, ya que es un truco fugar y sin consistencia real. Si el contenido no es bueno, no va a poder mantener una buena posición en los rankings.
- En el momento en el que el creador deje de pagar, el contenido desaparecerá de los rankings de podcast populares o más escuchados y pasará a los últimos puestos. A no ser que haya conseguido una popularidad rompedora porque el podcast sea realmente bueno.
- Y lo peor que puede pasar es que **Apple** se dé cuenta y expulse al podcast de su plataforma. Desde hace un tiempo han tomado esta medida para evitar el uso expandido de este tipo de tácticas.

Otras métricas en plataformas: iVoox y más

El segundo ranking que se suele tener en cuenta para saber qué tipo de podcast están funcionando es el de **iVoox**. En cuanto a datos de popularidad es una plataforma más transparente que **Apple**, ya que actualizan cada semana su listado de «Top 100 podcast» y, según, han comentado públicamente este listado se hace a través de dos KPIs:

- Número de descargas totales.
- Número de escuchas registradas en la última semana.

Con estos indicadores, **iVoox** lanza su ranking de «mejores podcast» de forma semanal. Además de poder ver en la lista, los podcast más exitosos, también es posible encontrar algunos patrocinados, procedentes de usuarios Premium que pagan por estar en ese ranking. Es una opción que tienen los creadores que pagan un plan Premium dentro de la plataforma. Y lo mejor de todo es que **iVoox** no lo esconde, por lo que su transparencia es evidente.

Sin embargo, no todo es maravilloso y lógicamente este tipo de conteo beneficia más a los programas diarios que a los semanales o mensuales. La regla es la siguiente: si el podcaster ha subido más contenido durante la semana la suma de las descargas de todo el contenido será mayor que si solo sube un programa a la semana. De esta forma, se ven beneficiados aquellos que tienen más episodios subidos a lo largo de la semana que los que no lo hacen.

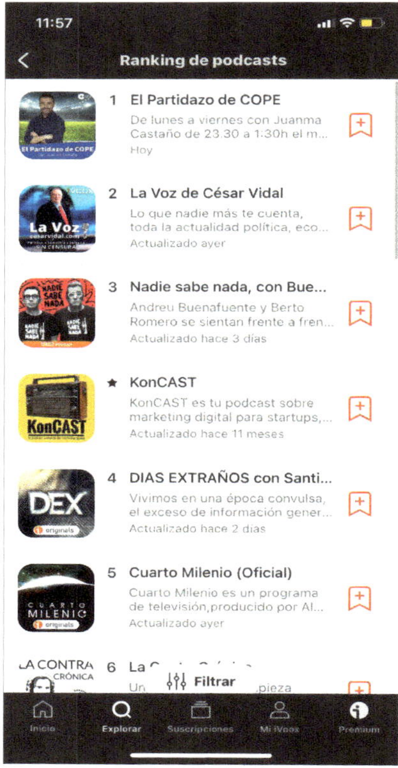

Ranking de Top programas en iVoox en junio de 2022.

En este ranking de **iVoox** se aprecia fácilmente cuál es el podcast Premium que paga por aparecer en una buena posición dentro del listado: **KonCAST**. Esto es evidente por dos motivos: a su lado aparece una estrella, que sustituye a la posición que ocuparía en el ranking, por lo que **iVoox** ya está avisando al oyente de que ese podcast no tiene un verdadero lugar en el ranking. El segundo motivo es por su actualización. Mientras que en todos los demás indica que se ha actualizado ese mismo día o hace tres días, en el caso de **KonCAST** la última actualización fue hace once meses. En este tipo de rankings no hay nada oculto, **iVoox** pone a disposición del usuario la información de la manera más verídica posible.

Por supuesto, existen otros muchos más rankings relevantes a nivel mundial que los creadores manejan a diario como puede ser **Stitcher**, **PodcastOne** o **Podium Podcast**, aunque en este momento los más relevantes en el panorama español son los rankings de **Apple** e **iVoox**.

Ranking «Top shows» de Stitcher en junio de 2022
https://classic.stitcher.com/stitcher-list/all-podcasts-top-shows

En definitiva, con todo lo expuesto queda claro que si el contenido está bien trabajado y el creador se lo toma con paciencia y la suficiente dedicación puede llegar a alcanzar una buena posición en este tipo de rankings. Asimismo, no es recomendable utilizar trucos, porque, aunque al principio pueda parecer un acierto, nunca lo es a largo plazo. Las consecuencias siempre son mayores que las ventajas. Así que esfuérzate, dedícale tiempo y, sobre todo, intenta ser cada día un poco mejor aprendiendo de lo que pueden enseñarte otros podcast, podcasters y/o narradores. Tanto para bien, como para mal, ver lo que hacen los demás es beneficioso para uno mismo. Ya sea para no copiar lo que no funciona, como para potenciar todo aquello que sí está obteniendo buenos resultados.

9
LA PUBLICIDAD EN LOS PODCAST Y EN LOS AUDIOLIBROS

Hay una pregunta habitual que se hacen los profesionales del sector audiovisual, ya sea aquellos que se dediquen a la creación de podcast, como a la escritura de guiones o a la publicación de audiolibros: ¿se puede ganar dinero de esto? La respuesta es sí, pero al principio no va a ser ni dinero rápido, ni, probablemente, la cantidad adecuada para tanto esfuerzo. Pero ante todo, la paciencia es imprescindible.

En muchas ocasiones, el trabajo de este tipo de creadores de contenido empieza siendo simplemente un *hobby* y eso impide que se sea consciente de que el esfuerzo que se llevar a cabo para sacar adelante el trabajo necesita tener una recompensa económica. Siempre que a uno le apetezca ganarse la vida con lo que hace es fundamental pensar cómo conseguir beneficio de ello. A no ser que la parte económica no sea de tu interés, que eso ya es otro tema. Pero, por lo general, los creadores quieren ganar dinero con lo que hacen, por lo que es esencial tener en mente qué hacer para rentabilizar las creaciones.

Uno de los mayores obstáculos para monetizar el contenido es que hay muchas plataformas diferentes donde compartirlo. Esta es la principal diferencia con **Youtube**, por ejemplo. Esta app es la plataforma de vídeo por excelencia, por lo que el modelo publicitario es mucho más sencillo en ella, ya que todo se concentra en un solo punto y todos los anunciantes, o casi todos, saben que invertir en **Youtube** es sinónimo de que sus anuncios se vean insertados en, prácticamente, todos los vídeos de internet. Sin embargo, con los podcast y con los audiolibros ocurre todo lo contrario. En este momento, es impensable que todos los podcast o todos los audiolibros estén en una única plataforma. Así, los anunciantes lo tienen mucho más complicado para elegir dónde quieren anunciarse. Y, por ende, los creadores lo tienen mucho más difícil para que los anunciantes los seleccionen como el lugar perfecto para exponer su publicidad y, por lo tanto, poder rentabilizar económicamente el contenido.

De esta manera, las marcas van a tener que decidir por qué aplicación de podcast o de audiolibros apuestan, puede ser **iVoox**, **Spotify**, **Storytel** o cualquier otra. ¿De qué va a depender la decisión de los anunciantes? Dependerá de muchos factores externos e internos del propio espacio de anuncio. Estos factores pueden ser, entre otros:

- El presupuesto del que disponga la marca. Hay plataformas en las que anunciarse es más caro que en otras.
- El nicho que tenga cada una de las aplicaciones. Casi todas quieren acaparar al mismo perfil de audiencia, pero se pueden ver diferencias entre los que escuchan **iVoox**, normalmente un perfil más adulto, a los que escuchan **Spotify**, que suele ser un perfil más joven.
- El contenido del propio podcast o audiolibro en los que se pueden y/o publicitarse. Además de que cada plataforma tenga unos precios establecidos, cada podcast también los tiene. No es lo mismo anunciarse en *Nadie sabe nada*, que ocupa siempre las primeras posiciones en los rankings, que en un podcast menos voluminoso.

- La audiencia de cada podcast o audiolibro. Ya no solo es importante en qué plataforma está cada perfil de oyente o audiolector, sino qué audiencia tiene cada podcast o audiolibro.

Ahora mismo puede parecer imposible que una marca escoja un podcast cualquiera para anunciar sus productos y/o servicios, pero no lo es. La publicidad es sabia y sabe dónde tiene que invertir dinero. No todos los anunciantes pueden promocionar sus productos en *Nadie sabe nada,* por lo que procurarán encontrar el espacio idóneo para su publicidad. Por ejemplo, si una marca de comida para mascotas se quiere anunciar, no va a tener mucho sentido que lo haga en programas como Tiempo de juego o Estirando el chicle, por mucha audiencia que tengan, será más lógico poder hacerlo en otros espacios más pequeños, pero con un nicho mucho más acotado, como el podcast de *Un veterinario*[95], por ejemplo. Un podcast en el que se habla únicamente de animales, de veterinaria y de todo lo que engloba a este mundo fascinante (https://open.spotify.com/show/0snV2WdKjjLxBe4m-26fFYT).

Cómo conseguir beneficios con un podcast

Ya hemos visto que las marcas saben cómo invertir en podcast y que no siempre va a poder pujar por aquellos que tienen mayor popularidad o una cantidad elevada de seguidores. Así, vamos a descubrir cuáles son las mejores formas de conseguir beneficios a través de la creación de podcast:

---

95. Podcast desarrollado por Víctor Algra, en el que habla sobre todo lo que engloba a los animales y a las prácticas y oficios relacionados con ellos.

Explota tu *expertise*

No siempre tiene porqué ser así, pero normalmente tener un podcast significa ser experto en algún tema concreto o, al menos, tu podcast funciona porque está dedicado a algo que te apasiona y que, por lo tanto, exprimes al máximo nivel. Todo esto, la pasión y la profesionalidad, tiene mucho que ver con la forma de recibir beneficios económicos. Es decir, ser experto y ser bueno en algo puede dar mucho dinero. Si te gusta la mecánica porque siempre se te ha dado bien o porque llevas años trabajando como mecánico y has decidido hacer un podcast sobre el tema, puedes autodenominarte como «experto en mecánica». Y eso lo van a ver empresas, que están deseando poder llegar a una audiencia mayor, porque se han dado cuenta de que la radio y la televisión convencionales están dejando de tener buenos resultados. Así es como las empresas de ese sector pueden contactar contigo y ofrecerte varias opciones de colaboración:

- Promocionar sus productos en tu podcast.
- Trabajar para ellos como mecánico.
- Dar charlas sobre el tema.
- Aconsejar a empresas del sector.

Y mucho más. Las empresas buscan constantemente a profesionales reales, no a personas con muchos títulos, pero poca experiencia. Demuestra lo que sabes y podrás obtener propuestas laborales. Por supuesto, ocurre lo mismo con otras profesiones, como los expertos en deportes o en marketing digital. Si eres bueno, tu podcast puede convertirse en un referente para marcas y usuarios del sector. Es entonces cuando el podcast se proclamará como un espacio de difusión de tu *expertise* en el tema que sea.

Suscripción para fans

Otra de las técnicas que se están llevando a cabo en España para monetizar los podcast llega de la mano de **iVoox** y se llama «suscripción por fans». Básicamente, consiste en que los oyentes paguen por el contenido que quieren escuchar. Desde **iVoox**, como podcaster, puedes elegir qué cantidad quieres que tus seguidores paguen por escucharte todo el contenido que crees. La aportación económica puede ir desde 1,99€ hasta más de 20€.

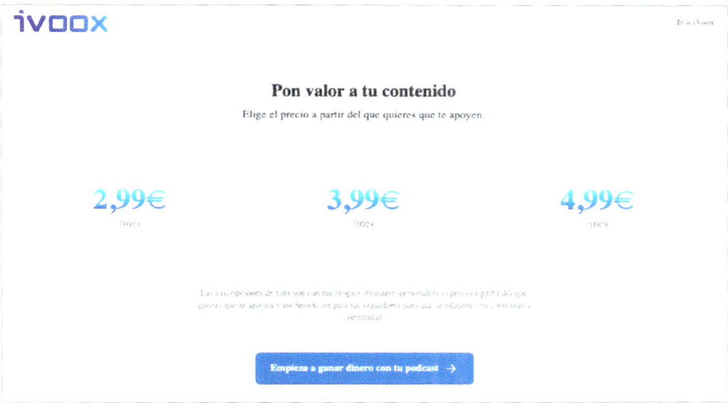

Suscripción para fans de iVoox
https://www.ivoox.com/monetiza-tu-podcast

Lo que tienen que tener claro los podcasters que opten por esta alternativa para obtener ingresos es que los usuarios esperan a cambio un buen contenido extra, que no tengan con la opción gratuita. La palabra extra es fundamental en esta estrategia de negocio. Si tienes las herramientas necesarias para ofrecer un plus por un módico precio, tendrás unos ingresos asegurados y relativamente fáciles.

Desde la página web[96] de **iVoox** es posible acceder directamente al apartado «Monetiza tu podcast» desde el que como

96. Apartado completo «Monetiza tu podcast» de la página web de iVoox https://www.ivoox.com/monetiza-tu-podcast

creador puedes tener acceso a una infinidad de opciones y consejos para poder llevar a cabo la monetización de la forma más efectiva posible. Si eliges empezar a monetizar tu podcast con **iVoox** los oyentes tendrán la opción de apoyar tu contenido con la cantidad que ellos consideren oportuna o con la que tú determines.

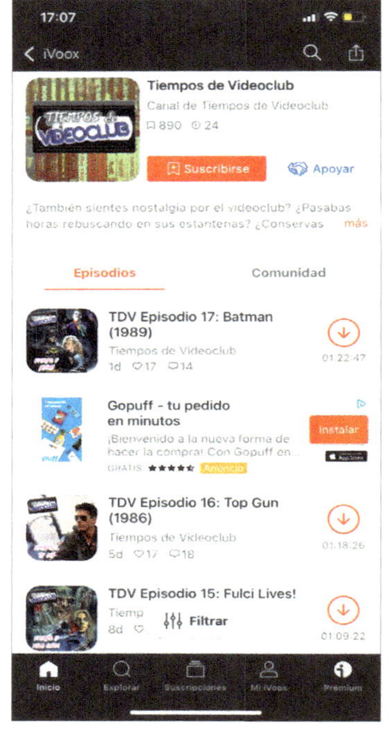

Aplicación iVoox para apoyar económicamente el contenido de un podcast, en este caso el podcast *Tiempos de videoclub* de Carlos Cubo e Ismael Rubio https://www.ivoox.com/podcast-tiempos-videoclub_ sq_f11476931_1.html

Lo mejor de todo es que las alternativas son varias y siempre puedes seleccionar la que más se ajuste a tu contenido y a tus necesidades. Y, sobre todo, como creador has de tener presente el tipo de relación que tienes con tus oyentes. Antes de lanzar esta opción es recomendable tantear si tu audiencia está dispuesta a pagar por el contenido o si todavía les falta algo para animarse a apoyar econóomicamente el podcast.

En **Podcast** de **Apple** también existe la opción de suscribirse a ciertos podcast. Estos son los que la marca considera que van a tener mucho éxito o que ya lo tienen. Un ejemplo de ello es el nuevo podcast (lanzado en junio de 2022) de Risto Mejide y Laura Escanes, que como hemos mencionado en el capítulo anterior ya está en las listas de programas top.

Este podcast solo puede escucharse si se está suscrito a la plataforma de **Podcast** de **Apple**. Según se especifica en la web de **Apple**: «Las suscripciones y los canales de **Apple Podcast** están disponibles para los oyentes en más de 170 países y regiones en dispositivos **Apple** con iOS 14.6, iPadOS 14.6 y macOS 11.4 o versiones posteriores. El precio de cada suscripción lo fijan los creadores y parte de 0,49 € al mes.» Además: «Las suscripciones de **Apple Podcast** pueden comprarse o enviarse como regalo usando una tarjeta regalo de **Apple**.»

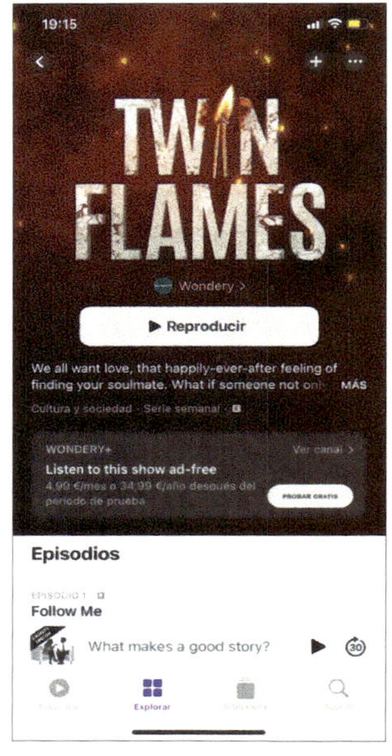

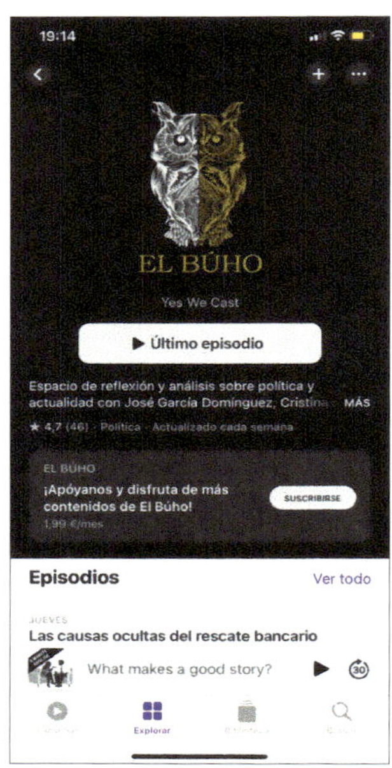

El *búho* y *Twin flames* son podcast de suscripción dentro de la aplicación de Podcast de Apple.

En el caso de estos dos ejemplos, *Twin Flames* (https:open.spotify.comshow/3n640S4GJ93YmoyRn aP-2Si), y *El búho* (https://www.ivoox.com/podcast-buho_sq_f1125506_1.html), los creadores han decidido que la suscripción sea en el primero de 1,99€ al mes y en el segundo de 4,99€ al mes. Cada creador decide cuánto vale su contenido y por cuánto quiere compartirlo con el resto del planeta.

Parece que la tendencia de las plataformas de contenido de audio va a ser evolucionar hacia el contenido de suscripción. Quizá el pionero en esto fue **Spotify** que propone un plan de suscripción para escuchar sin límites todo el contenido y, además, poder hacerlo sin anuncios.

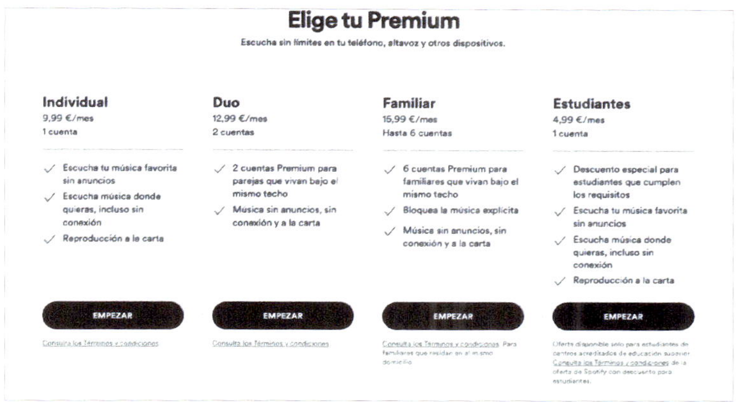

Planes premium de Spotify https://www.spotify.com/es/premium/

Es importante para todos los creadores que la tendencia se cumpla y que los oyentes empiecen a pagar por el contenido igual que lo hacen en otras plataformas de streaming y bajo demanda como **Netflix** o **Disney+**, por ejemplo. De esta manera, será mucho más sencillo para los podcasters poder generar nuevo contenido con más asiudad y con un nivel más elevado de calidad.

Contenido original

Dentro de las plataformas se está empezando a crear contenido propio y único de dicha plataforma. Un ejemplo de ello es **iVoox Originals**. Este es un modelo que recuerda mucho al contenido original de **HBO** o de **Netflix**, las dos plataformas de streaming más populares en España. Es decir, **iVoox Originals** es un contenido exclusivo de la plataforma de **iVoox**, que no se puede escuchar en otra plataforma. Esto tiene muchas ventajas como:

- Obtener métricas más fiables o acciones de visibilidad *ad hoc* facilitadas por el propio **iVoox**.
- Además, la plataforma ofrece ya unos ciertos beneficios económicos directos solo por producir el contenido en la app y en ninguna más.

Por el momento, los podcast que están dentro de la iniciativa son pocos, ya que muchos podcast se postulan para participar en esta iniciativa tan ventajosa, pero **iVoox** elige solo a los que considera que son los mejores, al menos para ellos. Aunque sea complicado, estos podcast ya están obteniendo unos buenos ingresos por ello. Dentro de estos se encuentran: *Reserva de Maná* o *Ecos de lo remoto*. Por lo que no se pierde nada por intentarlo. Más allá de las ventajas, como todo, también tiene ciertos inconvenientes:

- El contenido está limitado a una sola aplicación, que no es la más popular en el mundo y que no llega a ciertos países.
- La audiencia se limita. Solo es posible llegar a los oyentes que entran en **iVoox** y que, además, consumen **iVoox Originals**.
- Reducción de perfil de audiencia. Como hemos comentado en el punto anterior, es importante tener en cuenta que no todos los perfiles de oyentes están en todas las plataformas, por lo que con esta estrategia se acota el tipo de personas que pueden escuchar el contenido.
- Anunciantes limitados. También como hemos visto anteriormente, los anunciantes no siempre apuestan por la inversión en todas las plataformas por igual. Por lo que es imprescindible saber que no todos los anunciantes van a tener el podcast en su punto de mira.

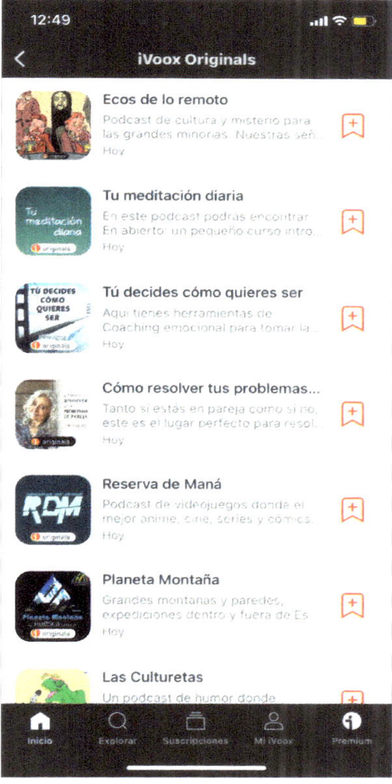

Listado de podcast de iVoox Originals
en junio de 2022.

La plataforma **Audible** también pone al alcance de los creadores y de los oyentes el formato de suscripción y, curiosamente, también lo hace con el nombre de *Originals*. Esta plataforma tiene un precio más elevado que las anteriores, aunque al pertenecer a **Amazon**, si eres cliente premium es posible conseguir tres meses gratis. Después de la prueba, cuesta 9,99€ al mes. ¿Por qué es más cara? Quizá porque están muy centrados en audiolibro, a pesar de tener podcast. Aunque no está escrito en ningún sitio, es posible que consideren que la lectura tiene un precio más elevado.

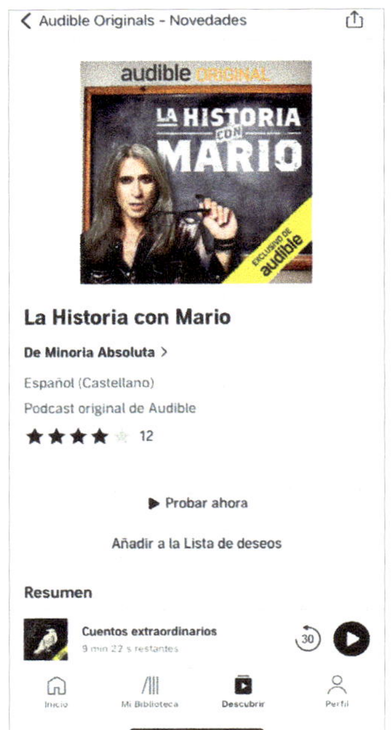

La historia con Mario y *Cartas desde mi casa* son podcast de suscripción dentro de la aplicación de Audible de Amazon.

Tanto los contenidos *Originals*, como las suscripciones para fans van en la misma línea, ya que ambas alternativas de negocio para los creadores consiste y focaliza sus esfuerzos en demostrarle al oyente que el podcast que van a escuchar y por el que van a pagar cierta cantidad tiene algo que el resto no tiene. Y, además, los podcasters tienen en sus manos —en sus voces— el poder de hacer sentir al oyente como parte de una comunidad única. El mensaje que se lanza, aun sin querer, sería algo como: «Solo los que pagan pueden obtener este contenido de máxima calidad y tú, como oyente, eres uno de ellos, uno de los pocos, que cada vez son más.» Es algo similar a «ser el elegido» y a todos nos gusta sentirnos especiales, ¿verdad?

Los patrocinios

Esta es otra de las estrategias más inteligentes para monetizar un podcast. No es sencillo conseguir un patrocinador para un programa, pero cuando se consigue es maravilloso. Un patrocinador es una empresa que paga cierta cantidad por ser mencionado a lo largo del podcast que elija. Habitualmente, los podcasters agradecen el patrocinio al principio del podcast, para que nada más empezar la escucha ya quede claro el nombre del que paga por ese espacio. La duración para el «agradecimiento», que realmente es un tipo de publicidad, no suele extenderse más de 30 segundos, ya que si la duración es mayor puede hacerse larga y, de esa manera, pueden perderse algunos oyentes.

Más allá de la duración que se elija para esta breve «cuña» publicitaria lo ideal es hacer que cada vez suene de una manera diferentes, ya que si queda evidente que siempre va a ser la misma información publicitaria sobre el mismo anunciante el oyente puede darle al botón de saltar 30 segundos y esa publicidad quedaría en nada. En resumen, en un podcast hay que hacer atractiva hasta la publicidad.

Cuñas publicitarias

Muy en la línea del patrocinio se encuentran las cuñas publicitarias. Este formato es conocido por ser muy habitual en la radio tradicional. Y como el podcast tiene su origen en este canal de información, la influencia llega de manera directa. Consiste en dedicarle unos segundos a un producto o marca determinados a lo largo del episodio. Lo más común es que sea el propio podcaster el que grabe la cuña para que quede orgánica respecto al propio contenido del podcast porque, aunque el oyente sepa que es publicidad, es importante que no se note en exceso que es un salto a un anuncio y, sobre todo, que no haga que el oyente se desconecte de la emisión.

Es primordial saber como podcaster que conseguir contar con un patrocinador e incluir una o varias cuñas publicitarias a lo largo del episodio no es excluyente, es posible obtener beneficios por ambas partes. Pero cuidado, porque mucha publicidad puede llegar a agotar al oyente y que este cambie de podcast. Es importante tener en cuenta que como espectadores, sobre todo, no estamos ya acostumbrados a tener que consumir anuncios porque sí. En la radio es cierto que sí sigue habiendo publicidad constantemente, a excepción de RNE (Radio Nacional de España), por lo que los oyentes buscan contenido sin publicidad y este es uno de los muchos motivos por los que gustan tanto los podcast. Así, como podcaster, hay que intentar que el contenido no tenga muchos anuncios para que la audiencia siga presente.

Acuerdos de contenidos

En una mezcla entre de los dos modelos de negocio anteriores se sitúan los acuerdos de contenidos. Estos consisten en dedicar una sección o unos minutos del programa a un tema concreto para promocionarlo, pero de forma totalmente orgánica. Este tipo de contenido tiene que estar relacionado con el contenido del podcast. Es decir, si el podcast trata sobre cine, es posible llegar a un acuerdo con alguna productora o con alguna plataforma de streaming para promocionar sus contenidos en una sección dedicada exclusivamente a ello. Es una alianza excelente, tanto para el podcaster, que recibe beneficios y visibilidad gracias a la empresa o marca, y para la propia empresa, ya que obtiene una difusión, de la que no podría disfrutar de otra manera. Siempre ha de ser un acuerdo entre las dos partes, ya que si los oyentes perciben que el contenido de dicha sección es muy forzado no van a prestar tanta atención como si el contenido es orgánico y natural.

Colaboraciones

Otra forma de conseguir beneficios a través de un podcast son las colaboraciones. Estas son parecidas a los acuerdos de contenidos, pero ya no solo se hace una sección del podcast relacionada con el producto promocionado, sino que se le dedica un programa entero a ese contenido pagado. En el mundo del podcasting esto todavía no se ha desarrollado de manera general, de momento es más común ente *youtubers*. Un ejemplo de ello es Andrea Compton, que lleva un tiempo trabajando con **Netflix** y hace vídeos dedicados únicamente al contenido de la plataforma de VOD (vídeo bajo demanda).

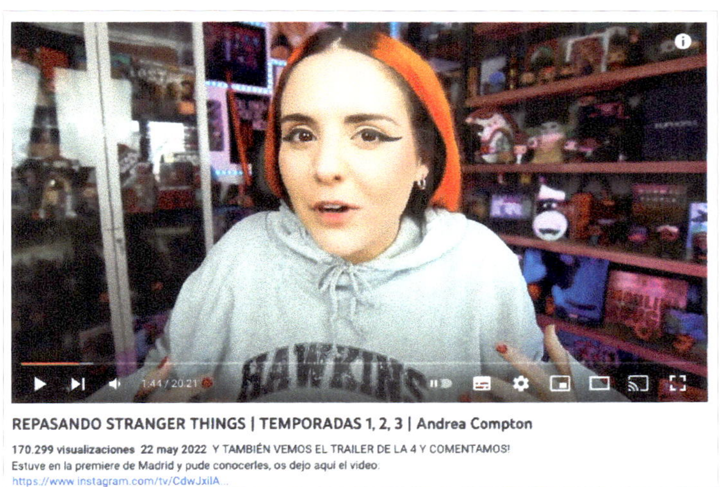

Vídeo promocional de la serie *Stranger things* en el canal de Youtube de Andrea Compton https://www.youtube.com/watch?v=gnd2t2wFK4w&ab_channel=AndreaCompton

La youtuber, que se dedica a comentar películas y series, hace todo un repaso en un vídeo de 20 minutos de las tres primeras temporadas de la serie *Stranger things*[97] de **Netflix**, dado el estreno de la cuarta temporada de la serie en junio

97. Serie de misterio y ciencia ficción con mucho éxito de Netflix

y julio de 2022. Andrea en ningún momento hace mención a que el vídeo sea una colaboración con la plataforma de streaming y solo se centra en hablar de la serie en sí misma. Esto lo hace muy orgánico y es una manera de promocionar la serie sin decir: «Hoy vengo a promocionar esta serie, que se estrena pasado mañana». Además, **Netflix** la invitó a la *première* de la serie, de lo que también hay vídeo, aunque solo en Instagram. Es decir, doble promoción en canales diferentes.

Vídeo promocional del estreno de la cuarta temporada de *Stranger things* en la cuenta de Instagram de Andrea Compton https://www.instagram.com/tv/CdwJxilAr31/

Esto recuerda a lo que hemos comentado en capítulos anteriores sobre el hecho de saber dónde está la audiencia a la que se quiere llegar y cómo hacer para alcanzarla. En este caso se hace a través de diferentes redes sociales.

Es cierto que cuando una persona se acerca al mundo del podcasting es posible que piense que no se puede ganar dinero con un podcast, pero después de haber leído todas estas opciones de negocio ya queda claro que sí que puede llegar a ofrecer unos buenos ingresos. Lo más importante es que el podcaster se especialice en algo y que encuentre su nicho, solo así las marcas podrán saber que si necesitan llegar a una cierta audiencia pueden hacerlo a través de ese programa. Por ello, es interesante que cuando un podcaster quiera empezar a monetizar el contenido piense en posibles empresas, marcas o personajes que pueden dar valor al contenido y para los que el podcast también pueda llegar a ser de gran utilidad. Por ejemplo, si el podcast trata sobre consejos para padres y madres de bebés, se podría intentar contactar con marcas de comida para niños de 0 a 3 años o con marcas de ropa para bebés. Hay muchas opciones y cuantas más se prueben mejor, es así cómo se descubre qué marcas pueden garantizar una gran cantidad de beneficios.

Cómo conseguir beneficios con un audiolibro

Por el momento, la creación de audiolibros o la simple narración de esta nueva forma de lectura no tiene tantas opciones de negocio como el podcast. Sin embargo, sí tiene una parte de beneficios económicos casi asegurados que no ofrece el podcasting. A la hora de ponerse a crear un audiolibro hay diferentes formas de hacerlo. Ninguna es la correcta o la incorrecta, pero cada una de ellas tiene sus ventajas y sus desventajas. Lo que hay que tener claro es qué se quiere conseguir con la publicación de un audiolibro y cómo se quiere hacer. A continuación, vamos a descubrir cuáles son las principales estrategias para conseguir beneficios antes, durante y después de lanzar al mercado un audiolibro.

Escribir un libro que se va a convertir en audiolibro

Hay muchos escritores que su primera intención al escribir un libro no es que se publique como audiolibro, pero a veces, las editoriales lo ofrecen y como autor es un halago recibir esta propuesta. Generalmente, la adaptación a audiolibro y los derechos de venta del audiolibro que se originen del libro «original» se pagan de forma independiente. Es decir, por un lado están los ingresos que genera la escritura inicial del libro, después llegan los beneficios por ventas de dicho libro y, posteriormente, las ganancias que genera la creación del audiolibro y las ventas del mismo. Por esto, es una buena forma de generar una mayor cantidad de ingresos. Aunque la idea inicial del autor no fuera publicar un audiolibro esta estrategia de negocio resulta muy atractiva.

El consumo de audiolibros ha crecido en España de manera exponencial desde el año 2017, aproximadamente, por lo que poder lanzar un libro también en este formato es una auténtica ventaja. Tanto para dar visibilidad a tu creación literaria, ya que de esta manera se puede leer o audioleer, como para recibir mayor cantidad de ingresos. Quien se dedique a la literatura convencional, no hablamos de best sellers, sabe que hay que vender y escribir mucho para poder ganarse la vida como escritor. Así que, ¿por qué no probar a escribir un libro y hacer todo lo posible para que se convierta después en un audiolibro?

Hay muchos casos reconocidos que ya han experimentado este tipo de estrategia, desde los clásicos libros de Ken Follet hasta los de comedia romántica del fenómeno literario Elisabet Benavent. Probablemente ninguno de los dos pensó mientras escribía sus primeras novelas en que alguien le daría voz a sus palabras escritas.

Cinco audiolibros muy escuchados en Podimo https://podimo.com/es

En los últimos años ya es más habitual tener presente mientras se escribe una novela que en algún momento alguien puede dar voz a las palabras de un autor, pero todavía sigue siendo un paradigma imaginar que lo que se escribe en el ordenador puede llegar a ser un fenómeno en alguna de las plataformas de audiolibros.

Escribir un libro que directamente se convierta en audiolibro

Desde hace un tiempo ya hay escritores que escriben para que su libro sea un audiolibro de forma directa. A veces, el escrito es publicado en papel y, en otras muchas ocasiones, se publica únicamente como audiolibro. Esta forma de publicación se recibe el nombre de *direct to audio* y ya es muy habitual entre los creadores. Un ejemplo concreto es el del escritor Javier Ruescas con su audiolibro *En Delos no puedes morir*[98]. Hasta hace unos años, Javier solo se dedicaba a la novela escrita, pero pronto le propusieron escribir un audiolibro directamente —que, posteriormente, narraría él mismo— y tras ese primer acercamiento al *direct to audio* decidió empezar a narrar él mismo sus anteriores novelas escritas como *Prohibido creer en historias de amor*. Pronto se dio cuenta de que la literatura escrita tiene doble valor si también está narrada.

98. Audiolibro publicado en noviembre de 2020 https://javierruescas.com/libro/en-delos-no-puedes-morir/

Los escritores que se dedican a este tipo de creaciones son conscientes de que no pueden utilizar las mismas técnicas que utilizan para escribir en papel, ya que la lectura va a ser diferente y los efectos de sonido no los pone el lector, sino que los tiene que incluir el propio escritor, por lo que toman un papel protagonista en la escritura. El escritor es el que tiene que ser responsable desde un inicio de saber dónde se van a tener que incluir los efectos de sonido o dónde hay que hacer hincapié en ciertas conversaciones entre los diferentes personajes de la novela.

En el caso de *En Delos no puedes morir* el autor ya sabía que el libro no iba a pasar por el papel, sino que sería directamente grabado para los consumidores de audiolibros. Esto hizo que él fuera plenamente consciente de que tenía que escribir de una manera distinta a la que estaba acostumbrado, pues se tenía que centrar mucho más en los sonidos que la novela proporciona al lector u oyente en este caso.

Si el libro no pasa por el papel, sino que directamente pasa a ser un audiolibro, los beneficios se ven rebajados a la mitad, pero el éxito puede ser mucho mayor. Esto se explica porque la sociedad cada vez afirma tener menos tiempo para leer y mucho más para escuchar.

Narrar tu propio audiolibro

Otra técnica para ingresar dinero con la creación de audiolibros es ponerle voz a tu propio audiolibro. Esta es una buena estrategia, sobre todo, para eliminar los gastos extras de narración. Además, tiene un efecto tanto si el libro está ya publicado en papel, como si el creador está en el proceso de escritura todavía. Esta técnica tiene cabida en cualquiera de los formatos disponibles de creación literaria.

En primeras novelas, cada vez es más común que sean los propios escritores quienes narren sus propios libros. Es una manera de darse a conocer en el mundo literario, tanto en papel, como en audio y, además, es una forma de ahorrar gastos posteriores a la publicación del libro.

Por supuesto, esto suele suponer un extra de beneficios para los autores, ya que la narración suele ser un pago que se hace de forma independiente a la escritura del libro, a no ser que en el contrato se haga una especificación concreta de que se contratan los servicios de escritura y de narración. Siempre se trata de un acuerdo entre editorial o plataforma de distribución de audiolibros y el propio escritor.

Además, las editoriales están apostando cada vez más fuerte por esta estrategia, ya que aseguran que un autor narre su propio libro es un plus muy apreciado, tanto para los propios creadores, como para los oyentes. Un ejemplo que no llega a ser un libro narrado por su propio autor, pero sí por el «personaje» y que ha sido muy aclamado a nivel mundial es la biografía de Michelle Obama, *Mi historia*, y la biografía de su marido y expresidente de Estados Unidos Barck Obama, *Una tierra prometida*. En ambos casos fueron ellos mismos los que narraron el libro y fue un éxito mundial rotundo, ya que los oyentes «sentían» que estaban escuchando en directo al matrimonio contando su propia historia.

Audiolibro *Mi historia* de Michelle Obama
en la plataforma Soundcloud donde se indica que está leída
por ella misma https://soundcloud.com/penguin-audio/
becoming-by-michelle-obama

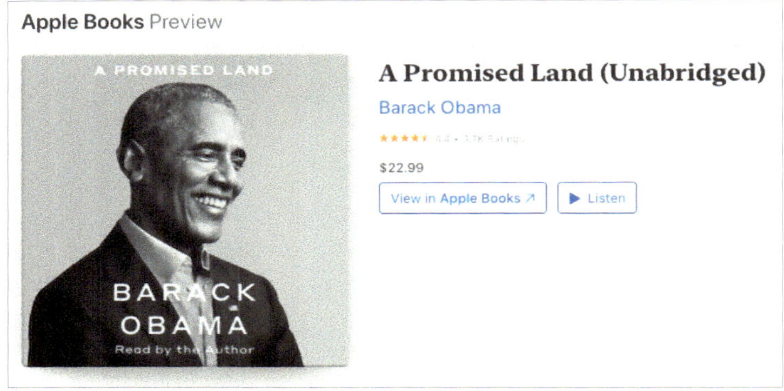

Audiolibro *Una tierra prometida* de Barack Obama
en la plataforma Apple Books donde se indica que está leída
por el propio autor https://books.apple.com/us/audiobook/
a-promised-land-unabridged/id1540585069

En el ámbito hispanohablante también hay infinitos ejemplos con mucho éxito que siguen esta misma estrategia. Entre ellos se encuentran el de la autora Isabel Allende y la narración de su gran novela *La casa de los espíritus* y el del periodista Ángel Martín, que ha puesto voz a su novela *Por si las voces vuelven*, en la que habla sobre la salud mental a través de una experiencia personal y aterradora.

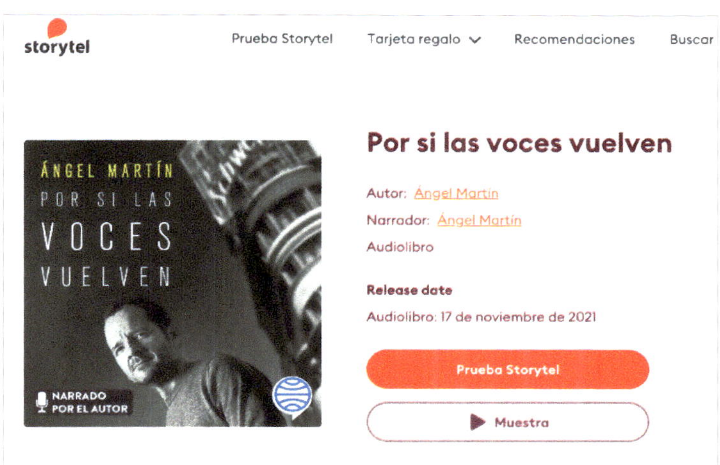

Audiolibro *Por si las voces vuelven* de Ángel Martín en la plataforma Storytel donde se indica que está narrada por él mismo https://www.storytel.com/es/es/books/por-si-las-voces-vuelven-1459577?gclid=CjwKCAjw46CVBhB1EiwAgy6M4iQXPZz7ARLI1bcz6XMNjDuM-XYX8UkylMGfUb3s50AQeNO9dE82YBoCR8wQAvD_BwE&gclsrc=aw.ds

Narrar las historias que uno mismo escribe está de moda y muchas editoriales están encantadas de que así sea. Aunque hay muchas otras que prefieren contratar a un narrador profesional para que dé voz a las obras literarias, ya que consideran que los escritores no suelen estar formados en narración y que el resultado no siempre es el deseado.

Narrar los audiolibros de otras personas

Otra forma de conseguir ingresos a través de los audiolibros es narrar los de otros escritores. Normalmente, este es el trabajo de los dobladores o actores de doblaje, aunque ahora también se está contratando a actores de televisión y de cine para desempeñar estas narraciones. Las editoriales halagan esta acción, ya que consideran que tener a voces reconocidas narrando libros da mucha más visibilidad al producto y hace que llegue a una audiencia mayor.

Asimismo, relacionado con el punto anterior, las editoriales afirman que el pack perfecto es poder contar con el autor del libro y un narrador reconocible. El primero puede darle la esencia de verdad y el segundo le aporta la celebridad necesaria para conseguir mayor difusión. Sin embargo, esto no siempre es habitual, ya que lo que prima es la calidad del producto final y muchos autores no tienen dentro de su formación la narración o el doblaje de escritor. Así, habitualmente, las editoriales contratan a narradores profesionales que cumplen con las expectativas narrativas y, por lo tanto, el resultado es más brillante.

Como se mencionaba en el primer capítulo, algunos actores famosos hispanohablantes ya han querido formar parte de los procesos de narración de libros de otras personas como Leonor Watling o José Coronado. Por supuesto, poder contar con estas voces implica más difusión y un mayor reconocimiento del audiolibro, pero también conlleva ciertas desventajas como que los oyentes no sean capaces de desligar la voz del actor o actriz de papeles que han representado en pantalla respecto a la narración del audiolibro, por ejemplo.

Audiolibros narrados por el actor español José Coronado dentro de la plataforma Audible de Amazon https://www.audible.es/search?searchNarrator=Jose+Coronado

Trabajos como locutor

Como ocurre en los podcast, si tu contenido o tu voz gustan a los que te escuchan, no dudes de que llegarán más oportunidades de terceros a partir de tu trabajo. Normalmente, serán encargos de otro tipo de locuciones como cuñas publicitarias o, incluso, podrás ser un invitado en algún podcast. Estas dos nuevas formas de consumo están tan en auge que pronto empezarán a hacer sinergias con las que saldremos ganando todos, oyentes y creadores.

A día de hoy, parece que tanto los podcast como los audiolibros están en crecimiento constante y que el consumo y producción de ambos aumenta sin frenos. Cada vez son más los audiolectores, los oyentes de podcast y los creadores de este tipo de contenido y ninguna de las partes tiene intención de poner límites a esta maravillosa explosión creativa. Nadie sabe con seguridad qué pasará de aquí a unos años, pero, de momento, los expertos afirman que este tipo de entretenimiento ha llegado para quedarse y nosotros bien agradecidos de que así sea. Ahora... ¡a darle al *play* o al botón de grabar!

BIBLIOGRAFÍA

https://www.eldiario.es/consumoclaro/ahorrar_mejor/leer-escuchar-libro-procesa-cerebro_1_1577323.html

https://variety.com/2022/tv/news/podcasts-inspired-tv-series-dropout-thing-about-pam-1235195950/

https://elpais.com/cultura/2019/11/19/television/1574167390_039085.html?mid=DM109502&bid=987135875

https://variety.com/2022/tv/news/best-tv-podcasts-yellowstone-succession-1235166627/#recipient_hashed=4b37fdc42d9f46ffc033dbeb208b-9d65f5473e141c499492d071ab163b39ce7f

Trabajo *La radio en pijama. Origen, evolución y ecosistema del podcasting español.* David García-Marín. Estudios sobre el Mensaje Periodístico ISSN-e: 1988-2696. Ediciones Complutense.

https://www.gorkazumeta.com/2020/10/jose-antonio-gelado-el-podcast-por-fin.html

https://podnews.net/article/first-podcast-feed-history

https://www.xatakahome.com/ocio/historia-radio-origenes-primeros-receptores

https://blubrry.com/manual/about-podcasting/history-of-podcasting-new/

https://lapiedradesisifo.com/2019/07/16/breve-historia-de-los-audiolibros/

https://features.apmreports.org/in-the-dark/season-two/

https://stownpodcast.org/

https://www.podiumpodcast.com/

https://www.eldiario.es/

https://www.podiumpodcast.com/estirando-el-chicle/

https://www.podiumpodcast.com/la-escobula-de-la-brujula/

https://www.europapress.es/sociedad/noticia-idiomas-cifras-cuantas-lenguas-hay-mundo-20190221115202.html

https://www.xlsemanal.com/conocer/historia/20170810/historia-origen-escritura.html

https://www.elespanol.com/el-cultural/letras/20210422/fiebre-audiolibro-filon-editoriales-plataformas/575694394_0.html

https://es.blog.anchor.fm/grow/start-podcast-no-audience

https://rockcontent.com/es/blog/feed-rss/

https://www.cinconoticias.com/plataformas-de-podcast/

https://www.shure.com/es-MX/desempeno-y-produccion/louder/how-to-produce-a-podcast-from-home

https://mentediamante.com/blog/equipo-grabar-audiolibros

https://abismofm.com/como-hacer-un-podcast-la-postproduccion/

https://filmora.wondershare.es/video-editing-tips/what-is-video-bitrate.html?gclid=CjwKCAjwjZmTBhB4EiwAynRmD_xHHZdobw_cz7xK-a30GCaUfnuToI_s0V27TeokKtPvbTFcsKuqGxoCYS8QAvD_BwE

https://hoygrabo.com/que-es-frecuencia-de-muestreo-y-profundidad-de-bits/

https://www.podcastinsights.com/es/best-podcast-microphones/

https://mentediamante.com/blog/equipo-grabar-audiolibros

https://www.podcastyradio.es/microfonos-para-podcast/

https://productor.ninja/auriculares-para-podcast/#%C2%BFQue_deberian_ofrecer_unos_buenos_auriculares_para_podcast

https://auriculares-bluetooth.com/auriculares-podcast/

https://podcasteros.com/entrevista-a-antonio-romero/

https://kinsta.com/es/blog/como-promocionar-un-podcast/

https://www.podcastinsights.com/es/podcast-distribution-guide/

https://www.elconfidencial.com/cultura/2019-02-22/audiolibros-debate-leer-storytel-audible_1837574/

https://mkparadise.com/kpi-podcast#Los_KPI_del_podcast_que_sacamos_de_iVoox

https://sharkagencia.com/noticiasdigitales/mide-el-exito-de-tu-podcast-para-que-sigas-posicionando-tu-marca

https://www.ivoox.com/blog/ivoox-originals-la-mejor-opcion-para-crecer-y-monetizar/#Una_iniciativa_para_profesionalizar_tu_contenido

https://www.ivoox.com/blog/como-ganar-dinero-con-tu-podcast/

https://wmagazin.com/relatos/los-audiolibros-leidos-por-sus-escritores-aumentan-y-dan-mas-impulso-y-popularidad-a-este-formato/

https://www.epec.com.ar/docs/educativo/institucional/ficharadio.pdf

https://ontranslation.es/origen-del-lenguaje/#:~:text=Hay%20teor%C3%ADas%20que%20sit%C3%BAan%20el,simple%2C%20hace%20unos%20100.000%20a%C3%B1os.

https://cnlse.es/es/recursos/biblioteca/de-protolenguaje-lenguaje-de-lengua-je-m%25C3%25ADmico-lengua-de-signos-espa%25C3%25B1ola#:~:-text=Como%20Derek%20Bickerton%20dice%20que,es%20un%20siste-ma%20ling%C3%BC%C3%ADstico%20incompleto.

https://www.orbitasonica.com/2010/12/que-es-un-interface-de-audio.html

https://www.ivoox.com/blog/lanzamos-las-suscripciones-para-fans-reci-be-aportaciones-de-tus-suscriptores/

https://www.apple.com/es/newsroom/2021/06/apple-podcasts-subscrip-tions-and-channels-are-now-available-worldwide/

https://elpais.com/elpais/2020/04/27/dias_de_vino_y_pod-casts/1588004911_068742.html

https://www.xataka.com/literatura-comics-y-juegos/ultimo-google-autonarra-dor-que-leera-libros-voz-alta-para-convertirlos-audiolibros

https://www.nationalgeographic.es/historia/2019/10/la-guerra-de-los-mun-dos-el-mito-de-la-emision-de-radio-que-desencadeno-el-panico

https://eprints.ucm.es/id/eprint/44031/1/La%20ficci%C3%B3n%20sono-ra%20y%20la%20realizaci%C3%B3n%20en%20directo.pdf

Libros

Libro online gratuito *Podcasting tú tienes la palabra* https://libros.metabiblioteca.org/bitstream/001/556/1/Podcasting-tu-tienes-la-palabra.pdf

Cano Molina, Emilio, *Podcasting. Así lo hago yo y así lo puedes hacer tú,* SOCIAL MEDIA.

Gauriar, Laurent y Cuoq, Joël. *Journaliste radio. Une voix, un micro, une écriture. (Les outils du journaliste) Writing for radio. (Writing handbooks),* Christopher William Hill, Presses Universitaires de Grenoble.

Gómez, Iván Patxi, *Objetivo podcast, Círculo Rojo.*

Izuzquiza, Francisco, *El Gran Cuaderno de Podcasting: Cómo crear, difundir y monetizar tu podcast,* Kailas Periodismo.

Lloyd, David, *How to make great radio. Techniques and tips for today's broadcasters and producers,* Biteback Publishing.

Vídeos de Youtube

https://www.youtube.com/c/DanielBenchimol/videos

https://www.youtube.com/watch?v=MET8Y4Oif_Q&ab_channel=faqmac

https://www.youtube.com/watch?v=fJTW33SFwhI&ab_channel=HoyGrabo

https://www.youtube.com/watch?v=RISGv1qSzu8&t=13s&ab_channel=EditorialLetraMin%C3%Bascula

https://www.youtube.com/watch?v=sJkJs7a0OGY&feature=emb_logo&ab_channel=AudibleACX

https://www.youtube.com/watch?v=xhesskgmIsQ&t=38s&ab_channel=PatFlynn

https://www.youtube.com/watch?v=vbJSLgdwJTk&ab_channel=Marketing4e-Commerce

https://www.youtube.com/watch?v=nIr08l_9F1o

https://www.youtube.com/watch?v=8r66zbn5eHg&ab_channel=HoyGrabo

https://www.youtube.com/watch?v=YZWRvLeT_KU&t=1s&ab_channel=Aca-demiadeHostinger

https://www.youtube.com/watch?v=dv3AnozxqtI&ab_channel=AudibleES

https://www.youtube.com/watch?v=9Q_1rYwrI6k&t=29s&ab_channel=RTVE

https://www.youtube.com/watch?v=tAZnTwHBHxA&ab_channel=FocusriteTV

https://www.youtube.com/watch?v=zRMNUMWguTw&ab_channel=Creatubers

https://www.youtube.com/watch?v=4w_fX3BhUxQ&ab_channel=AbelMendoza

https://www.youtube.com/watch?v=mkOY4Wzyr9I&t=652s&ab_channel=i-Voox-Podcastsyradios

https://youtu.be/7BeKkcY5y4E

https://www.youtube.com/user/andreacomptonn

https://www.youtube.com/watch?time_continue=7&v=-TfASLwVlUs&feature=emb_logo&ab_channel=Android

https://www.youtube.com/watch?time_continue=2&v=y6XdzBNC0_0&feature=emb_logo&ab_channel=JavierCristobalGutierrez

<u>En la misma colección:</u>

<u>Puedes visitar nuestra página web a través de
este código QR para ver todos nuestros libros.</u>

Todos los títulos de la colección *Taller de:*

<u>Taller de música:</u>
Cómo leer música - Harry y Michael Baxter
Lo esencial del lenguaje musical - Daniel Berrueta y Laura Miranda
Apps para músicos – Jame Day
Entrenamiento mental para músicos – Rafael García
Técnica Alexander para músicos – Rafael García
Cómo preparar con éxito un concierto o audición – Rafael García
Las claves del aprendizaje musical - Rafael García
Técnicas maestras de piano - Steward Gordon
El Lenguaje musical - Josep Jofré i Fradera
Home Studio - cómo grabar tu propia música y vídeo – David Little
Cómo componer canciones – David Little
Cómo ganarse la vida con la música – David Little
El Aprendizaje de los instrumentos de viento madera – Juan Mari Ruiz
La técnica instrumental aplicada a la pedagogía – Juan Mari Ruiz
Cómo potenciar la inteligencia de los niños con la música – Joan María Martí
Cómo desarrollar el oído musical – Joan María Martí
Ser músico y disfrutar de la vida – Joan María Martí
Aprendizaje musical para niños - Joan María Martí
Aprende a improvisar al piano - Agustín Manuel Martínez
Mejore su técnica de piano – John Meffen
Musicoterapia - Gabriel Pereyra
Cómo vivir sin dolor si eres músico – Ana Velázquez
El artista sin dolor - Ana Velázquez
Guía práctica para cantar en un coro – Isabel Villagar
Guía práctica para cantar – Isabel Villagar
Cómo enseñar a cantar a niños y adolescentes - Isabel Villagar
Pedagogía práctica de la Guitarra - José Manuel González
Produce y distribuye tu música online - Aina Ramis
Cómo formar una banda de rock - Aina Ramis
Cómo vivir de la música - Jesús Fernández

<u>Taller de teatro:</u>
La Expresión corporal - Jacques Choque
La Práctica de los monólogos cómicos – Gabriel Córdoba
El arte de los monólogos cómicos – Gabriel Córdoba
Guía práctica de ilusionismo – Hausson
Cómo montar un espectáculo teatral – Miguel Casamajor y Mercè Sarrias
Manual del actor – Andrés Vicente

<u>Taller de teatro/música:</u>
El miedo escénico – Anna Cester

<u>Taller de cine:</u>
Producción de cine digital – Arnau Quiles y Isidre Montreal
Nuevos formatos de cine digital - Arnau Quiles

<u>Taller de comunicación:</u>
Hazlo con tu Smartphone – Gabriel Jaraba
Periodismo en internet – Gabriel Jaraba
Youtuber – Gabriel Jaraba
Guía práctica de Tiktok - Beatriz Iznaola
Esto es Twitch - Aina Ramis

<u>Taller de escritura:</u>
Cómo escribir el guion que necesitas – Miguel Casamajor y Mercè Sarrias
El scritor sin fronteras – Mariano Vázquez Alonso
La novela corta y el relato breve – Mariano Vázquez Alonso